JN187658

数学マジック事典

改訂版

上野富美夫
［編］ Fumio Ueno

Encyclopedia of Mathematical Magic

東京堂出版

改訂にあたって

『数学マジック事典』は1995年に初版が刊行され、好評をもって迎えていただき、これまで版を重ねて参りました。

このたび、「数学を用いたマジックを集めた他にはない事典」という特徴をそのままに、全面的に組み直し、改訂版として新たに刊行することにいたしました。

改訂にあたり、紙面を見やすくするとともに、初版当時からの社会変化により現在と内容がそぐわなくなったものに関しては割愛した箇所もあります。また、より理解しやすいように表現を書き改めたり、新たに補足や図を追加いたしました。

最後に、今回の改訂版の出版をご承諾くださいました上野富美夫先生のご遺族には深くお礼申し上げます。

2015年7月
東京堂出版編集部

初版まえがき

私は、電卓が初めて市場に出たころの驚きをいまだに良く覚えています。そのころ６万円近くしたその機械は、従来掛け算、割り算に要していた時間の数十分の一で、その答えを映しだしていたのです。

私は、電卓の内部の構造が全くわからなかったので、それは魔術師が物凄い速さで計算をやってのけたような驚きで、その結果を見つめたものでした。

かつて、数学の初歩的な段階を「算術」と呼んだ時代がありました。人間の能力のうち、数の取扱いについては、個人差が極めて著しいようです。ある人にとって、いとも当然にできる計算や図形の構成が、他の人にとっては、随分時間のかかる作業であることも珍しくありません。それは合理的に追及された計算の「術」として、それを知っている人にとっては、知らない人よりはるかに素晴らしい計画と処理の力をもたらしました。

私たちの取り扱う数はある手順さえしっかり覚えれば、求める答えを得られるものであり、その答えはだれにでも、必ず同じものとなる普遍性を持っているものです。また、図形は一瞬にして物事の形を明瞭にし、図形の変化は決まった規則のもとで行われます。しかしこの二つは、マジックの対象としては、結果が出るまでに時間がかかりやすいという側面を持っています。また、数学的洞察力を養うためには、数学マジックより、各分野の本格的な数学を対象にした方が良いかも知れません。

実際には、数学的な興味を持っている人の大部分は、現実には高級な理論の数学から離れていると言って差し支えないでしょう。数学は、もうかなりの程度まで発達してしまっており、一般の人にとっては、難解な数学の問題にはその考え方の追及も興味を伴わないことが大部分でしょう。

しかし、マジックが、日常的な現象において、予想と相違して突然に現れることから言えば、数学のように答えがまったく必然であるはずのものが、意外性を持って出現する場面は人間の知性や興味を刺激し、好奇心を向けてこれを追及する価値があると思われます。

数学マジックは囲碁や将棋と同じように、新鮮な魅力があります。囲碁や将棋は、数学的な構成の美に勝負という活気のある楽しさを加えたものですが、数学マジックは数学の美にトリックという娯楽的な価値を加えたものです。ですから、数学マジックは奇術と数学的思考の両方を好む人々に大きい楽しみを与えるものであると言えます。

このような領域に貢献した人物としてイギリスの数学者のW. W. ラウズ・ボール氏や、アメリカのマーチン・ガードナー氏がいます。

この本が含む数学は、高等数学の素養がなくても理解し活用できる、きわめて容易な程度のものです。おそらく、この分野の発展のためには、読者自身がいろいろな貢献をしていただけることでしょう。

本書は、数学的考え方で、常識を打ち破る結果を得られるマジックを集めたものです。多くのマジックは、いろいろな材料、道具を必要としますが、数学マジックは、ほとんどの場合、さほどの材料を用意する必要はありません。さりげなく、これを演じた場合、あなたの能力は相手に驚異の目で見られることでしょう。

本書は、あなたが、良い場所と場面、相手を選んで、観客ともども、ちょっとした知的な興奮と刺激で頭を新鮮にされることを期待して著したものです。

終わりに、この本をまとめるにあたり、参考とした先進のマジックを開発された方々に心から敬意を表します。また、本書を作るにあたって、この分野の広がりのために、出版の計画と機会を与えたくださった東京堂出版の山下鉄郎氏、及び編集上貴重な意見を出してくださった編集部の皆さんに、深く感謝の意を捧げるものです。

1995年11月

上野富美夫

数学マジック事典 改訂版

もくじ

改訂にあたって　ii
初版まえがき　iii

I　数を当てるマジック

1　会話の中で

絶対当たる目測　002
すれ違う電車　003
車のメーター　004

2　紙と筆記具を使って

ひとりでにでき上がる漢字　006
必ず37で割り切れる数　008
1089の予言　009
カプレカ数のマジック　011

3　電卓を使って

1のオンパレード　012
電卓に入力した数を当てる　013
生年月日を当てる　015

4　電話の向こうの人に

メモした数を当てる　016

5 トランプを使って

最も古典的なカード当て 019
バグダッドの魔法 020
ジェルゴンのトリック 021
相手の思ったカードを抜き出す 023
ピアノ・トリック 024
4枚札のトリック 025
色別枚数当て 027
不可解な予言(その1) 028
不可解な予言(その2) 030
トランプに全く触れないカード当て 032
恐るべき超能力 036
a. 裏向けになっているトップのカードを当てる
b. 相手が自由に開いた場所の裏向きのカードを当てる
c. 指定位置にあるカードを当てる
d. 後ろ手で持ったデックの中から指定するカードを取り出す

6 ダイス(さいころ)を使って

合計の点数を当てる 043
積み重ねの点数を当てる 044
振って出たダイスの目を当てる 046
「はい」「いいえ」でダイスの目を当てる 046
目隠しをしてダイスの目を当てる 048

7 カレンダーを使って

四角に囲んだ中の数字の合計を当てる 048
翌年の1・2月の曜日を当てる 049
日付の合計を当てる 050
日付の合計数の予言 051

ある年月日が何曜日であるかを当てる　052
a. 万年七曜表を用いる方法
b. キーカードを使って曜日を当てる

8 時計を使って

時刻の打ち出し　055
誕生日とダイスと時計　055
方角を当てる　056

9 作ったカードを使って

思った数字の当たるカード　057
食べたいものなあに？　059
菓子名店街　060
誕生日おめでとう　062

10 いろいろな道具を使って

ドミノ　063
a. 鎖の切れ目
b. 12枚の列
ソリティア　065
紙幣　067
マッチ棒　069
a. 奇妙な算数
b. 干支当て
c. 消える三角形
硬貨　072
a. 6の字トリック
b. 表か裏か
c. 小銭トリック

ものさし・定規　075
a. 測れないところを測る
b. 定規で曜日を当てる
新聞　078
a. 手の動きで、写し取った数字を当てる
b. 新聞の号数の差を当てる
c. 言わなかった数字を当てる
碁石　081
地図　083
方眼ノート　084
身近な物　086
a. 物当て(その1)
b. 物当て(その2)

II 図形が変わるマジック

1 消滅・出現

消える顔　090
タンブラーに変わる男　091
地球追い出しパズル　092
縦線マジック　093
正方形切断のマジック　093
卵に化けたウサギ　095
船底の穴ふさぎ　096

2 図形の変換

正三角形を正方形にする　097
隠し絵　098

a. そのままで2人の別人を見られる絵
b. 逆さにすると人物の顔になる絵
c. 蘇生して全力で走る瀕死の馬

③ 錯覚

平行に見えない平行線 101
自分の感覚が信用できなくなる図 102

III 計算のマジック

① 加算のマジック

合計当て 106
超高速加算 107
珠算の読み上げ算での速算 110
カードの組み合わせでできる数字を素早く合計する 111

② 減算のマジック

減算の速算 112
10の累乗に近い数の引き算 112

③ 乗算のマジック

5の累乗の乗法 113
末位が5の数の2乗 113
十の位が同じで、一の位の和が10になる2数の積 114
好きな数字のオンパレード 114

④ 除算のマジック

割り算の余りをたちまち見つける 115

循環小数になる商の速算　117
⑤ 立方根のマジック
2桁になる立方根を暗算で求める　118
⑥ 小数の計算マジック
小数の計算力のマジック判定　120
⑦ 分数の計算マジック
分数の計算結果の自動判定　121
⑧ 方陣作りのマジック
指定された数が定和になる方陣を作る　122
Ⅳ 位相幾何学（トポロジー）のマジック
① 輪はずし
ボタンホール・パズル　126
ロープの輪からリングを外す　127
② ベストを使って
組んだ手を解かずにベストを裏返す　129
ベストを抜ける輪　130
ボタンを外さずにベストを裏返す　131
スーツの着用のままボタンを外さずベストを裏返す　132
ベスト外し　134

3 輪ゴムを使って

突然ほかの指に移る輪ゴム　135
ねじれた輪ゴム　136

4 メビウスの輪

切っても切れない輪　137
大小の輪ができる　138

5 ロープとトポロジー

紐のすりぬけトリック　139
結び目消し　140
はさみ抜き　140
紐抜け　142

6 ハンカチを使って

指抜きトリック　143
鉛筆抜き　145

7 ありえない立体の見取り図

ありえない物の図　146

V 暗号・通信のマジック

1 術者と助手

霊能力？　150
言葉当て　155
簡単なカード当て　156

② 通信と解読

文字の頻度と暗号解読　158
読み取り板を使った解読　160

VI ゲーム必勝のマジック

彼女はつかまったか　164
みやまくずし(ニム)　165
前進ゲーム　167

VII 論理のマジック・パラドックス

① 論理のパラドックス

ゼノンのパラドックス　170
白は黒である　171

② 算術のパラドックス

買い物の詭弁　172
ドーナッツの珍算術　174
目茶苦茶な家庭教師　176
17頭のアラビア馬　177
どちらの昇給が得か　177

③ 幾何のパラドックス

不等辺三角形は二等辺三角形である　178
大円と小円の周の長さは等しい　179

4 代数のパラドックス

1は2に等しい 180
猫の足は7本？ 180
半ドルは5セントである 181

5 確率のパラドックス

40人の中には同じ誕生日の人がいる 181
ポーカーの手 182
2人目の男の子 184
サンクトペテルブルクのパラドックス 184

参考文献 187
索引 188

ブックデザイン
黒岩二三
[Fomalhaut]

カバー図版
佐藤洸風
[Kofth]

I

数を当てる
マジック

① 会話の中で

絶対当たる目測

演技者は観客に言う。

「千円札を横に2枚並べたものと、はがきを横に3枚並べたものとは、どっちが長いでしょう」

「千円札の方かなあ」

「ところが、意地悪な質問だったみたいだけど、この長さは全く同じ。並べてみるとわかるよ」

演技者は観客の目の前で図1のようにやってみせる。

「ほんとうだ！」

準備と種明かし

折り目のない千円札2枚とはがき3枚を用意する。

これは、現行の千円札と官製はがきの横寸法が、法律によって15cmと10cmとに決められているためにできるマジックである。

図1

一部の人しか知らない、あるいは関心がない数値がマジックに使用できることもある。この場合、ハンディーなメジャーがあるとよい。

例1　1円玉の直径は20mm。

例2　官製はがきの縦は148mmであり、横は100mm。

例３　　日本での標準のトイレットペーパーの幅は114mm。

例４　　千円札の横幅は150mmである。また、千円、五千円、一万円の各紙幣の縦の長さは同じで76mmになっている。

例５　　日刊新聞紙の縦の長さは約546mm、1ページ分の横幅は約406mm。また、2ページ分を開いた対角線は約980mmである。

例６　　多くの名刺の長辺は91mmである。図2のように名刺を6枚縦に並べると日刊新聞紙の縦の長さとほぼ一致する。これも目測マジックに利用できる。

例７　　ICカードやキャッシュカードの横幅は約85.6mm。

図2

これらの数値は事前に覚えておくことが可能であり、数人で目測しあったときに、必ず自分が正解を得られるものである。

すれ違う電車

友達と2人で、ある路線の電車に初めて乗る。その線路は複線である。

「地方の電車はすいているね。それに次の電車まで20分もある。これじゃ採算ベースに乗せるのも、大変だなあ」

「都心だと次々に電車がすれちがうけれど、ここはまだ全然だね」

「でも、あと1分以内にすれちがうよ」

「え、ほんとう？」

「ああ」

数十秒後、対向の電車とすれ違う。
「え、なんでわかったんだろう?!」

準備と種明かし

友達と初めての線に乗るとき、事前に時刻表の冊子を見て、利用する上り線と下り線の時刻から、すれ違う駅間を確かめる。仮にA駅発の上りが9：52、隣のB駅発の下りが9：54の電車があり、駅間の所要時間は4分とすると、簡単なダイヤグラムを書くと図3のようになり、9：55ごろすれ違うことがわかる。

実際にはダイヤグラムを書くのは煩わしいので、自列車の発時刻と対向列車の発時刻の平均に、駅間所要時間の半分を加える。

上の例では、9：52と9：54の平均が9：53で、これに所要時間の4分の半分を加えると、9：55だとわかる。

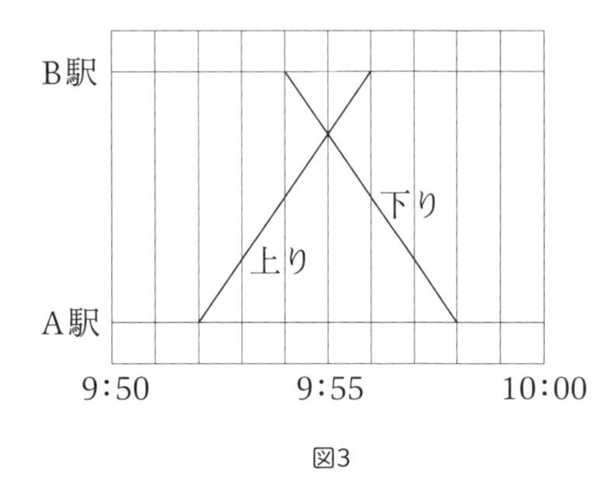

図3

車のメーター

A君は自分の車にBさんを乗せ、C君とDさんは別の車で同じ目的地まで遠乗りドライブをすることになった。途中、サービスエリアのレストランで昼食をとったとき、ふとA君が言う。
「C君の車も、ずいぶんきれいに使ってるね。乗りごこちも良さそうだし。もう4万キロ以上乗ってるじゃないか」
「そうだね、たしか4万3千ぐらいは乗っているかな」
「僕の勘で言うと、君の車のメーターはたぶん42,836キロくらいだね」

「え、君は朝からぼくの車には乗っていないし、駐車場に置いた場所もばらばらで、そこからこのレストランに来たのに……変だね。ぼく自身がよく覚えていない数字を君が言えるわけがない」

Bさんが「そうね。A君、私と一緒にこっちに来たんだし……」

Dさんも驚いてA君を見る。

「ぼくが数字好きだってのは君も知っているだろ。結構当たることもあるんだよ。まあ、1～2キロは違うかもしれない」

「なんか、ずいぶん確信がありそうだな。何キロって言ったっけ？」

「42,836キロだよ」

昼食が終わり、4人は駐車場に止まっているB君の車のところに行ってメーターをのぞく。メーターの数字は42,837km。1km違ったが、それは彼の予告の中にあった誤差の範囲なので誤りとは言えない。それにしても凄いとB、C、Dの3人はきつねにつままれたようである。

準備と種明かし

ドライブの出発の前に、A君はC君の運転席に近づいてコースを打ち合わせ、そのときに彼の車のメーターを読み取る。例えば42,591kmと記憶したとしよう。A君は自分の車に戻ってからすぐトリップメーターを0にして2台で出発。サービスエリアに着いたとき、記憶した数値にトリップメーターの数値、この例では245kmを加えたのである。この日の2台の走行距離は同じだから、これでほぼ正しくC君の車のメーターの数値の42,837kmが出るが、一の位以下の端数があるはずなので「1～2キロ違うかもしれない」と予防線を張っておけばよい。

紙と筆記具を使って

ひとりでにでき上がる漢字

演技者は観客に言う。

「これから私は漢字当てをします。あなたが選んだ漢字を言わないうちにその形にしてしまうのです」

演技者は目隠しをしてから、平、求、王、元、斗、非、半、米と書いてある計8枚のカードを出して、それを左上から卓上に並べていき、図4のようにする。そして、観客に「どれか好きな字を覚えてください。それは上と下のどちらの段にありますか」と聞く。

観客が答えたあと、演技者は別の紙に太書きのペンで線を引き、それからカードを元、米、王、半、求、非、平、斗の順に拾っていく。このときカードは上から元、米、王、半、求、非、平、斗の順になるように取る。目隠しのままである。

次に、集めたカードを上から順に左上から右に4枚並べていき、またその下に4枚並べると図5のようになる。そこで演技者はまた「選んだ字は上と下のどちらの段にありますか」と聞く。

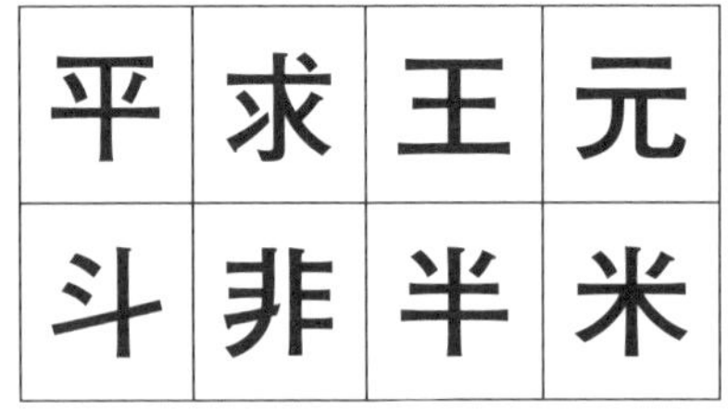

平	求	王	元
斗	非	半	米

図4

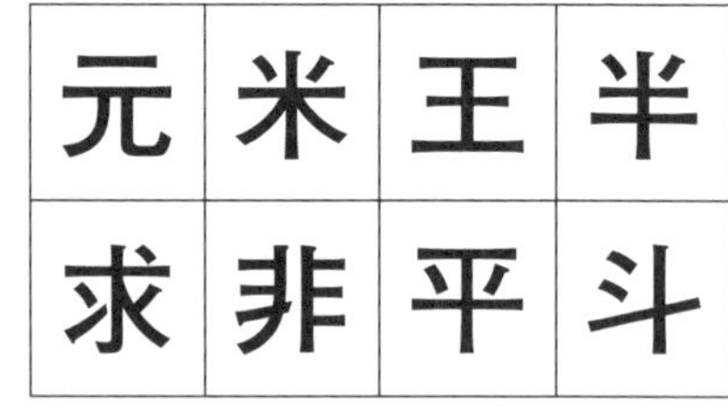

元	米	王	半
求	非	平	斗

図5

観客が答えると演技者は手探りでさきほどの紙にまた線を引く。そしてカードを上から半、斗、王、平、米、非、元、求の順になるよう拾っていく。

そしてまた集めたカードを、左上から右に4枚並べていき、またその下に4枚並べて、図6のようにする。

半	斗	王	平
米	非	元	求

図6

そこで演技者はまた、「選んだ字は上と下のどちらの段にありますか」と聞く。観客が答えると演技者はさきほどの別の紙にまた線を引く。

そして観客に「あなたが選んだ字のカードだけを持ってください。残りの7枚はまとめて裏返しにしてください」と言う。

演技者は目隠しを取り、手元にある紙に数本の線を書き加えて1つの文字にする。その紙を見せながら演技者は言う。

「こんな文字が浮かび上がってきました。さて、あなたが選んだ文字を見せてください」

観客が持っているカードを見せる。なんとそれは同じ文字である。

準備と種明かし

8枚のカードを用意して前述の文字を書き込んでおく。また別にＢ5程度の大きさの厚紙と目隠し、太書きのペンを用意する。

目隠しの後、相手が上と言ったら紙の上から3分の1ほどの位置に横線を1本書き、下と言ったら、その位置の左と右に点を打つ。

第2回目では、紙の中央の位置にやはり横線または左右の点を打つ。

第3回目では、紙の下から3分の1ほどの位置に同じように書くと、図7の8つのうちのどれか1つと同じになる。

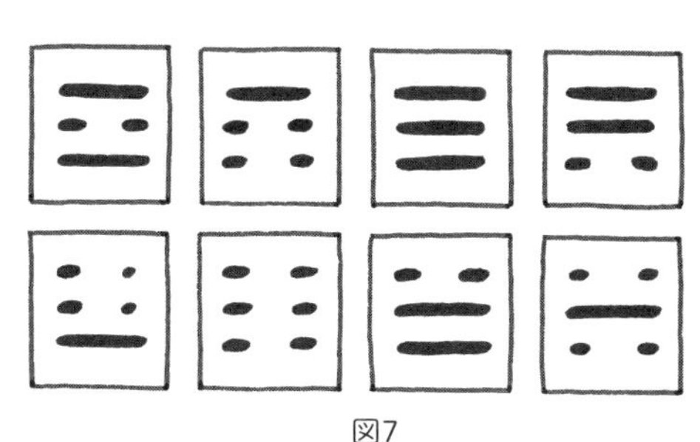

図7

相手が1枚のカードを持ち、残りのカードをまとめて裏返しにしたら、目隠しを取ると、紙には右図のどれかが書かれている。もちろん目隠しして書いたので、位置はややずれていることが多い。これに太書きのペンで縦線や点を書き加えると、初めの8字のどれか1つにすぐ直せる（図8）。すると、できた文字は必ず相手が選んだ文字になる。

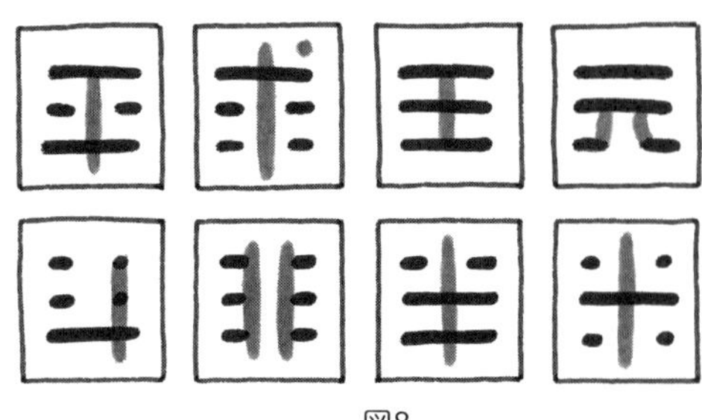

図8

＊　このマジックは、中国の古い奇術書『中外戯法図説』に蘇武牧羊という名称で出ているという。

必ず37で割り切れる数

演技者は観客に言う。

「ある数を2桁の数で割るときに、割り切れることは滅多にありませんね。例えば勝手な数を書いて37で割ってみる。これで割り切れたらよほど運の良い人でしょう。つまり、うまく割り切れる確率は37分の1しかないんですから」

相手は、そんなことは当たり前だという顔をして聞いている。

「ところで、私はある数をあなたに作ってもらおうと思います。どんなことになるか、興味がありますか」

「まあね。やってみましょう」

「まず、この紙に、3以上の同じ数字が3個並ぶ数を書いてください」

観客は適当な数を書く。例えば888と書いたとしよう。

「その数から、ある2桁の数を引いてください」

観客は例えば69を引く。819となる。

「その答えからある3桁の数を引いて、3桁の数が余るようにしてください」

観客は例えば273を引く。546となる。

「はじめに引いた数、次に引いた数、余りの数を並べて8桁の数を作ってください」

観客は、69，273，546を並べて、69273546とする。

「さて、さっきの話です。実はあなたの作った数は37で割り切れるのです」

観客が電卓を叩いて計算すると、69273546÷37＝1872258となって割り切れる。

観客はちょっと不思議そうである。

準備と種明かし

これは必ずうまくいくが、数学マジックとして、この証明をしてみよう。

初めの3個の同じ数字を n とすれば、初めの数は $111n$ である。

また、初めに引いた数、二度目に引いた数、余りの数をそれぞれ a、b、c とすれば、これを並べて作った8桁の数は、10^6a+10^3b+c で表される。

ところで、$a+b+c=111n$ であるから、

$$
\begin{aligned}
10^6a+10^3b+c &= 999999a+a+999b+b+c \\
&= 999999a+999b+111n \\
&= 37(27027a+27b+3n)
\end{aligned}
$$

したがって、このようにして作った数は必ず37で割り切れる。

なお、電卓では余りがあるかどうか、はっきりしないことがある。この場合は答えに37を掛けて、ちょうど初めの数に戻れば割り切れたと言える。

1089の予言

演技者は観客に言う。

「私は数についての予言が少しできるんです。まず、ここに1つの数を書いておきます」

　演技者は紙に数を書いて伏せ、今度は別の紙を用意して観客に頼む。
「この紙に、3桁の数を1つ書いてください。ただし、両はじの2つの数は2以上の差があるようにしてください」
「書きました」
「その数を逆順に書いて、2つの数のうち大きい方から小さい方を引いてください」
「できました」
「そしたら、その答えをまた逆順に書いて、今の答えに加えてください」
「はい、できました」
「さて、私は実はあなたの心をコントロールしたのです。あなたは自由に初めの数を選んだのですが、この計算の最後の答えは、これでしょう」
　演技者は伏せておいた紙の表を見せる。「6801」と書いてある。
　観客は「ちがいますね。私の答えは1089です」と言う。
「あれ、そんなはずはないんだけどな。あ、この紙の向きがちがった」
と言いながら紙の上下を変える。
　すると「1089」になっている。

準備と種明かし

　何も特別な種はいらない。この答えは必ず1089になる。
　その理由は、初めの数の百の位をa、十の位をb、一の位をcで、$a > c$とすると、初めの数は$100a + 10b + c$となる。
これを逆順にした数は$100c + 10b + a$である。
したがってこの2数の差は

$$100(a - c) - (a - c)$$
$$= 100(a - c - 1) + 90 + (10 - a + c) \quad \cdots\cdots\cdots \quad (1)$$

となる。これをまた逆順にした数は

$$100(10 - a + c) + 90 + (a - c - 1) \quad \cdots\cdots\cdots \quad (2)$$

となるから、(1)＋(2)を作れば各項は消去されて1089が残る。

カプレカ数のマジック

　演技者は2人の観客に言う。
「2人の人が、勝手に決めた全く違う数で計算して、その答えが同じになることって、ありそうだと思いますか？」
「問題を選べば、あるんじゃないかな」
「そんな問題を思いつきますか」
「うーん、ちょっと思いつかないねえ」
「では、紙と鉛筆をお渡ししますから、やってみましょう。まず、同じ数字ばかりでない、4桁の数字を選んで書いてください」
「書きました」と、2人がそれぞれに言う。
「その数字を並べ替えて、順に数字を小さくなる数と大きくなる数を作ってください*1。例えば5085だと、8550と0558ですが、このように並べ替えて書きます」
「はい、できました」
「その２つの数の差を求めて、出た数について、また同じ手順を繰り返してください*2。それを何回かすると、もしかしたら、同じ数字が出てくることがあるかもしれません。そうしたら止めてください」
　観客の2人は数回の計算をして、鉛筆を止める。
「お2人の数字はいくつですか？」
「あ、同じだ。」
　なんと、2人の数字はどちらも6174になっている。

準備と種明かし

　これは2人の観客に紙と鉛筆とを渡せばよい。なお、2人とも引き算は正確にでき、何回かの引き算をやる根気がある人を選ばなければならない。もっとも相手は1人でもよい。1人の場合は、最後の数字を演技者が言ってあげれば、予言をしたことになる。

＊1、＊2の操作をカプレカ操作といい、インドの数学者の名にちなむ。

3 電卓を使って

1のオンパレード

演技者は、観客に言う。「電卓って便利ですよね」
「そうですね」
「ところで、電卓で占いをやってみませんか。と言っても、ちょっとした数字の遊びです」
「へえ、いいですよ。どんなことをするんですか」
「勝手な数で掛け算をするんです。とりあえず、3桁×4桁でやってみましょう。このゲームでは、1は特別な幸福の数字です。まず、あなたは電卓に3桁の適当な数字を入力します。そして、それに4桁の適当な数字を掛けるのです。すると答えは6桁か7桁になりますが、その答えの数字のうちにいくつ1が入っているかで運を占います」
「わかりました。それで？」
「1がないときは運が向いていない日です。1が1つなら全く普通。1が2つなら運が良い。1が3つ入るときはほとんどないのですが、非常に運が良い。1が4つ以上なら、驚くほど良い運の日です」
「ああそういうことか。それじゃあ、適当な数でやってみよう」
観客は電卓で　467×8153　を計算する。
「3807451だ。1は1つだけだったなあ」
「まあね、出任せな数でやっているんですから。この運は普通ですよ。あなたの掛け算の1桁目は電卓を使わなくても1になることは見当がつきますね。でも、あとの桁は暗算では結構わからないものです。ところで、もう

1回やって良い運にしてみましょう」
　演技者は電卓を相手から少し離して、
「私も3桁の数字を押します」と言い、数字キーを3回押す。観客から表示窓はあまりはっきり見えない。
「次に“掛ける”を押します」と言って、観客に見せながら掛け算キーを押す。
「次に4桁の数字を掛けます」と言って、4回キーを押す。
「さあ、良い運ですよ」と演技者が言って電卓を見せる。

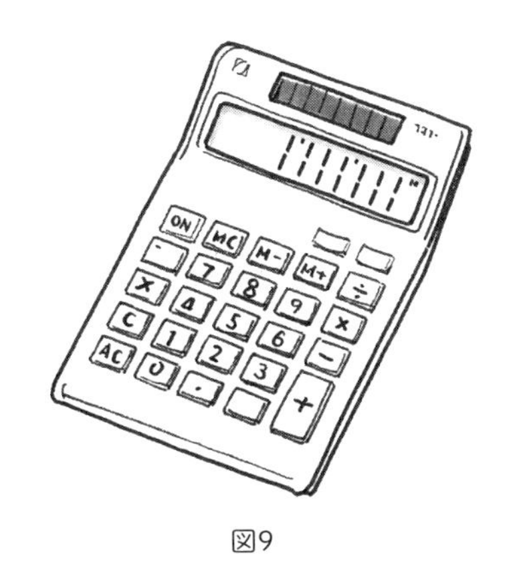

図9

　答えは、図9のように1111111になっている。

準備と種明かし

　演技者は、「兄さん、急だ、よろしく」という言葉を覚えておく。そして、その語呂合わせの通り239×4649を電卓に入力すると、この答えが出る。
　1が7個続く積になる3桁×4桁の掛け算はこれ1つしかない。
　ところで、これと同じようなものとして、4桁×4桁で「なみなみといこうな」という語呂合わせで読める酒の席向きのものもある。これは7373×1507で、積は11111111と8個の1が続く。

電卓に入力した数を当てる

　演技者は電話の相手に、
「ところで君、電卓を持ってる？　ちょっと数当てをしてみよう。あったらそこに出してくれるかな」と言う。
　相手が電卓を出したら、演技者は
「その電卓のキーを適当に押して、4桁の数字を出してくれるかな」と言う。

相手は電話の向こうで適当にキーを押す。(例えば4287と押したとする)
「押した？　いくつと押したか、別にメモしておいて」
相手はメモをする。
「君がいくつを押したかは、こちらは全然わからないけれど、それに137を掛けてくれる？」と言う。
相手は137を掛ける。587319になる。
「何桁になった？　6桁ぐらいかな」
相手は6桁とか7桁とか言う。この結果は、6桁になる場合が3分の2、7桁になる場合が3分の1程度である。この場合は、相手は「6桁だよ」と言うはずである。
「では末尾の4桁を見てくれるかな。メモした数字とは何も関係ないね」と言う。
相手が見ると、末尾の4桁は7319で、メモしておいた4287とは何の関係もなさそうである。
「その4桁だけ読んでみてくれ」と言う。
「7319だよ」
「じゃあ、君のメモした数字は4287だ」
「当たっている」と相手は感心する。

準備と種あかし

電話の付近に電卓やメモがありそうな相手がよい。演技者は電卓のみ。
まず自分の電卓に「73×」と入力しておく。それに相手が言った数を掛けて、その末位の4桁を言えば、相手がメモしておいた数字を当てられる。
この例の場合では、相手は末位4桁を7319と読んだから、自分の電卓キーを7、3、1、9、=、の順に押す。すると534287が表示されるので、下4桁の4287を読めば、それでたちまち当たってしまう。
この理由は、相手の初めの数をaとしたとき、相手の電卓は137aを表示するが、

$$137a \times 73 = 10001a = 10000a + a$$

なので、下4桁は必ずaに戻るからである。初めに相手が切り捨てる1万の位以上の部分は、何倍しても影響を与えない。

生年月日を当てる

演技者は相手に言う。
「あなたの生年月日を当ててみせます。私が電卓をお渡ししますので、私の言うように入力してください」
「わかりました」
「では、まずあなたの生まれた西暦の数を押してください。それに75を掛けてください。それに生まれ月を足してください。それに200を掛けてください。それに生まれた日付を足してください。次にその結果を2倍してください。答えはいくつですか」
「60121646です」
「あなたは2004年4月23日生まれですね」と確かめる。
「その通り！　でも、どうしてわかったのかな」

準備と種明かし

このマジックをやるときは、相手が計算好きでない限り、電卓を渡した方がいいだろう。

結果が出たら、その数字を上から4桁－2桁－2桁に区切る。まず4桁の数を3で割って西暦を出す。次の2桁を4で割って生まれ月を出し、最後の2桁を2で割れば生まれた日付を出すことができる。

上から3、4、2で割る、ということを覚えておけばよい。

④ 電話の向こうの人に

メモした数を当てる

演技者は電話の相手に「メモがそこにあったら、何でもいいから、いろいろな数字がまじっている4桁の数を書いてみて」と言う。
（相手が例えば3908を書いて）「書いたよ」
「では、その4つの数字を置き換えて別な4桁の数を作って」
（例えば、9803と置き換えてメモに書く）「作ったよ」
「その大きい方から小さい方を引いて、答えを読まずに待っていて」
「わかった」（9803－3908を計算する。5895になる）
「出したよ」
「その数字のうち1つを○でかこんでみて、ただし0は囲まないでね」
「うん」（図10のように8を○で囲む）
「残った数字を読んでみて」
「5、9、5」
「じゃあ、○で囲んだ数字は8だね」
「あれ?!　当たった」

図10

準備と種あかし

自分も相手もメモと筆記具を用意する。相手が3つの数を言ったら、それらを合計して、それより大きくて一番近い9の倍数から引く。例の場合は5、9、5の合計は19になり、それより大きくて一番近い9の倍数は27なので、27－19＝8が相手が○をつけた数である。

相手の書く4桁の数を1000a＋100b＋10c＋dとすると、相手が仮にa、b、c、dをどこに移動しても、初めの数との差は9の倍数になる。一方、9の倍数は、その各位の数字の和が必ず9の倍数となるから、そのうち1つの数字を隠した場合、残りの数の和と、それを超える9の倍数との差を求めると、それが求める数字となる。

5 トランプを使って

トランプにはいくつかの基本的な特徴がある。数との関連から、トランプの特徴をみてみよう。

① トランプの1組は通常、4種×13枚（計52枚）＋ジョーカーからなる。どのカードにも表と裏がある。裏は一定の柄・模様があり、製品によって上下が対称の場合と非対称の場合がある。

② 表にはAつまり1から10までの点数、それに続いて、11とみなせるジャック（J）、12のクイーン（Q）、13のキング（K）がある。

③ マークの形によって4つのグループ（ハート、ダイヤ、クラブ、スペード）に分かれ、またマークの色分けによって赤カードと黒カードの2種に分かれる。

④ 取扱いに簡便な一定のサイズを持っているから、いろいろな順序の配列にすることが容易である。逆に、その配列順序を切り換えによって速やかに崩すことができる。

⑤ 点数を考えにいれず、碁石やマッチ棒などと同様に単に個数を示す単位としても使用できる。

トランプにはこのように便利な特徴があるので、トランプによる数学マジックは非常に多く創りだされている。なお、トランプマジックの解説書が初めて現れたのは19世紀だったという。

トランプの「切り換え」の方法には「シャッフル」と「カット」の2種類がある。これらを区別する適当な訳語がないようなので、ほとんどの解説書では原語のカタカナ表記を用いている。ここでもそれによる。

（1）ヒンズーシャッフル

私たちが最も多く使う切り方がヒンズーシャッフルだろう。図11のように、全カードをそろえて左手に持って、その指で一番上のカードを押さえながら、図12のように右手で残りの下部をつかみ、抜き取って左手に残したカードの上に重ねる。

このとき、右手に持ったカードの束の上面のカードを、また左手の指で押さえながら、同じく右手に残った下部を何枚か抜き取って、左手のカードの上に重ねる。この操作を右手のカードがなくなるまで続ける。この方法を1枚ずつ厳密に行うと、各カードの配列は初めの順と逆になる。

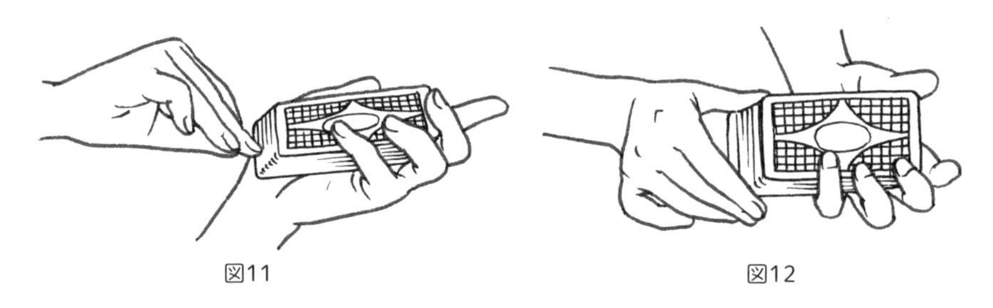

図11　　図12

（2）リフルシャッフル

全カードをほぼ2等分して、それぞれを右手と左手に分けて持ち、図13のように左右両方のカードを向き合った側のはしをテーブル面の上で、パラパラと交互に1枚ずつ落として食い込むようにして混ぜていき、図14のように最後に周囲をそろえてまとめる。

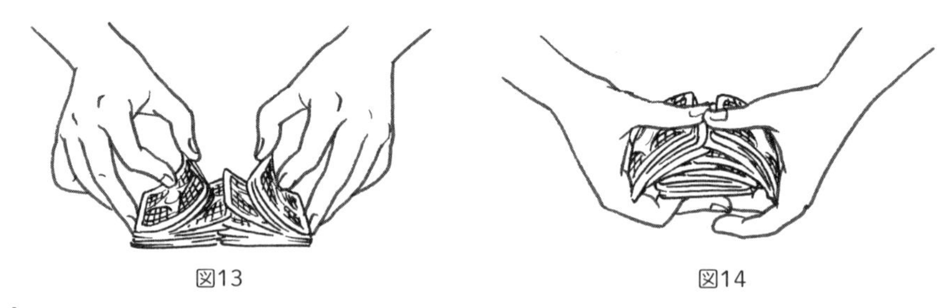

図13　　図14

（3）カット

全カードを重ねてから、図15のように任意の部分で2等分して、上部と下部を重ね換える。これはシャッフルとは違うので、選ぶマジックによって区別して行うことが大切である。

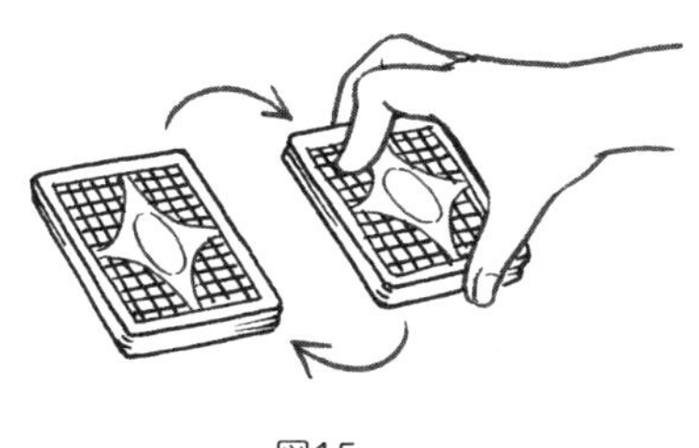
図15

なお、トランプを個数の単位として用いるトリックは、硬貨や碁石、マッチ棒などで代用することができる場合が多いが、手さばきや個数を数える上では、トランプが最も扱いやすいようである。

ところで、数学的な原理を利用したトランプマジックは、そのどれもが、手先の器用さや、いわゆるマジシャンに要求される技術をほとんど要しないものである。必要なのは、手順や枚数の計算を間違えずに行うことで、これさえうまくやれば必ず成功するものばかりである。ここが数学マジックの強みでもあるだろう。

最も古典的なカード当て

16枚のカードをテーブルの上に表を向けて、縦・横4枚ずつになるように並べる（図16)。観客に向かって、このうちどのカードでもよいから1枚を思ってもらい、そのカードが縦の4列のうちのどの列にあるかだけを教えてもらう。

それからそれぞれの縦の列ごとにカードを集めていって左手に持つ。もう一度テーブルの上に先ほどと同様に4枚ずつ、横の行を順に作っていくように並べる。つまり、今度の配列は以前の縦の列が横の行になっただけである。

図16

もう一度、観客自身の思うカードがど

の縦の列にあるかを尋ねる。その縦の列と、観客のカードが含まれていることがわかっている横の行との交差点から、演技者はただちに相手のカードを指摘できる。

このカード当ては最も古くからあるものと言われている。種があまりにも単純なため、これは子どもを対象に行うのがよいだろう。

バグダッドの魔法

観客にトランプを、大体の見当で半分に分けてもらい、どちらかを手に取らせて、その枚数を教えてもらう。

たとえば相手が「25枚です」と言う。

演技者は「その2と5を足すと7ですね。あなたの持っているカードの下から7枚目をそっと見てください」と言う。

相手が「見ました」と言ったら、演技者は、

「あなたの手にあるカードを、テーブルの上に残っていたカードの上に積んで、きちんとそろえて私に渡してください」と言う。

演技者は、トランプを受け取ったら、上から順に「アーブーラーカーダーブーラーまーかーふーしーぎーアーブーラーカーダーブーラー」と唱えながら、1音に1枚ずつテーブルの上に積んでいく。

言葉の終わったとき、カードを表にするとちょうど相手がさっき見たカードである。

準備と種明かし

この方法によると、相手は必ず、手にした山の19枚目のカードを見ることになる。だから、19音の言葉ならば、どんな言葉でも、相手が見たカードで終わるわけである。他の適当な言葉の例として、「さーいーごーにーかーなーらーずーあーなーたーのーカーアードーがーでーまーす」とか、「おーどーろーくーべーきートーラーンープーのーふーしーぎーなーはーいー

れ一つ」などと言ってもよい。

＊これは手にした山の枚数が20〜29のときに成り立つ。

ジェルゴンのトリック

演技者は、観客に言う。

「ここに27枚のカードがあります」

演技者は、観客にメモと鉛筆を渡し、27枚のカードを観客に対して表向けに広げて持ち、

「このカードのうち、好きな1枚を覚えてこの紙にメモし、裏返して横に置いてください」と言う。

「はい、書きました」（仮にハートの3を書いたとする）

観客はメモを裏返して横に置く。

演技者はこのカードの集まりを、観客の前に3つの山になるように裏を上にして左、中、右と順に置いていく。これを9回繰り返して配り終わる。

演技者は左の山を取り上げて観客に表を向けて広げ、

「この中にあなたの選んだカードはありますか」と言う。観客は「あります」とか「いいえ」とか言う。ないときには、中、右と山を取り上げて、観客の選んだカードがある山を確認する。そして言う。

「これからひとつマジックをやってみましょう。ところであなたは、1から27までの数のうちどの数が好きですか。1つ選んで、その数を言ってください」

観客は数を選ぶ。仮に「17です」と言ったとしよう。

演技者は3つの山をまとめて一山にする。そしてそのカードを裏向きに、左、中、右と順に置いていく。

終ったら、演技者は左の山を取り上げて観客に表を向けて広げ、

「この中にあなたの選んだカードがありますか」と言う。観客は「ありま

す」とか「いいえ」とか言う。ないときには、中、右と山を取り上げて、観客の選んだ札がある山を確認する。そして「もう一回やります」と言う。

演技者はまた3つの山をまとめて一山にする。そしてそのカードを裏向きに、左、中、右と順に置いていく。

終ったら、再び左の山を取り上げて観客に表を向けて広げ、

「この中にあなたの選んだカードがありますか」という。観客は「あります」とか「いいえ」とか言う。ないときには、また中、右と山を取り上げて、観客の選んだカードがある山を確認する。

演技者は3つの山をまとめて一山にして裏向きのまま持つ。

そして1枚ずつ出しながら、16枚を横に重ねていく。そして言う。

「あなたの選んだ数は17でしたね」

「はい」

「あなたの選んだカードは何でしたか」

「ハートの3です」

「このカードがあなたの選んだ数の17枚目です」と言って表を向ける。

それはハートの3である。

準備と種明かし

この種を理解するには整数を3進法で表すことができなければならない。

まず相手の言った数から1を引く。上の場合は16になる。$16=9\times1+3\times2+1\times1=3^2\times1+3^1\times2+3^0\times1=$なので、3進法では121と表せる。この各位の数を1ずつ増やすと232となる。

相手の数より1少ない数が3進法で表せ、各位の数を1ずつ増やせたら、カードの山を集めるときに、最初は一の位の数だけ上から数えた位置、次は十の位の数だけ下から数えた位置、最後は百の位の数だけ上から数えた位置に、相手のカードのある山を置くのである。

上記の場合、初めに3つの山を揃えるとき、相手のカードのある山を「一の位の2」により、上から2番目にする。2回目には「十の位の3」により、これを下から3番目（つまり一番上）にする。3回目には「百の位の2」に

より、これを上から2番目にしてから数えればよい。

相手の思ったカードを抜き出す

演技者はトランプゲームのポーカーの親の立場になる。子は例えば4人いたとしよう。演技者は4人の子と一緒にテーブルを囲み、各人が5枚ずつになるように5組のカードを配る。そして子に向かって
「皆さんの持っている5枚のカードのうちどれか1枚を覚えてください」と頼む。

さて、親はカードを全部取り戻して、もう一度テーブルのまわりに5つの山に分けて配り直す。

親は任意の一山を手に取って（右に）扇形に開き、カードの表を子の方に向けて
「この中に自分の覚えたカードがある人は、ある、と言ってください」と言う。

子のうちだれかが仮に「ある」と言ったら、演技者はカードの表は全く見ないで、ただちに扇形の中から相手の思ったカードを抜き出してみせるのである。

以上の操作を残りのそれぞれの山についても繰り返す。山によっては子の思うカードが全然含まれていない場合もあろうし、また一山の中に2枚以上含まれている場合もあるかも知れないが、親は4人の子が心に思って覚えたカードの全部を見出してしまうのである。

準備と種明かし

演技者は各人に配ったカードを左手にいる第1の子から始めて1→2→3→4まで山ごと集めて上にのせていく。演技者自身の持ち札の5枚を最後にこれら4組、計20枚のカードの一番上に重ねて25枚にする。

このカードをもう一度5人に上から1枚ずつ、1→2→3→4→自分とくり返

して配り直す。任意の一山を左手で取って扇形に広げて、子に覚えたカードの有無を聞く。もし第2の子が「ある」と言ったら、そのカードは、山の上から2番目の位置にあることになる。第4の子が「ある」と言えば、そのカードは山の上から4番目にあることになる。言い換えれば、目指すカードの位置はテーブルの周りを左から右へと数えた子の順位に対応するのである。このルールは、どの山に対しても同じである。

この方法はとても簡単なので、このトリックは目隠しをしていても行うことができる。

ピアノ・トリック

演技者は観客に両手のひらをテーブルの上に並べて伏せてもらう。そして、演技者は、図17のように観客の各指の間に2枚ずつのカードを挟んでいく。ただし、左手の薬指と小指の間だけは例外で、ここには1枚のカードしか挟まない。

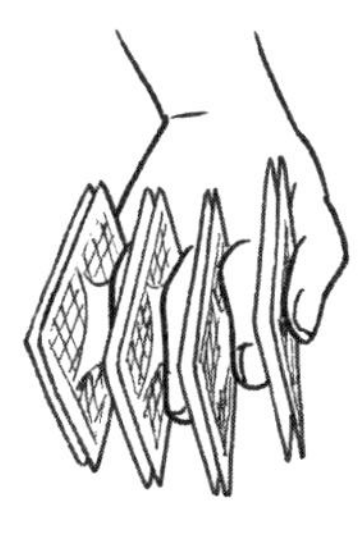

図17

演技者は自分の方から見て左端にある第1の組を抜いて、この2枚のカードを分けてテーブルの上に左右に並べて置く。次の組も同様に扱い、この2枚のカードをそれぞれ第1の組2枚の上に分けて重ねる。この操作を全部の組について続けていくと、テーブルの上にカードの山が2つできる。

最後に残った1枚だけのカードを取るとき、演技者は相手に向かって「この半端なカードはどちらの山の上に乗せましょうか？」と尋ねる。右の山に乗せてくれ、との指定を受けたとする。演技者は最後のカードを相手の言う通りの山の上に置く。

次に演技者は

「この最後の1枚のカードをマジックによって右の山から左の山に移してみましょう」と言う。

右の山を取り上げてカードを2枚ずつに分けていくと、2枚ずつきれいに別れ切って半端なカードは残らない。さて左の山である。これも同様に2枚ずつ分けていく。なんと、最後には半端な1枚が残ってしまう！

準備と種明かし

このトリックの種は、2枚ずつの組が全部で7組あるということに基づいている。これらのカードを左右に並べて山を作ると、各山には7枚ずつのカードが含まれることになるが、これはもちろん奇数枚である。だから、半端なカード1枚を加えた山は偶数枚の山になる。カードを2枚ずつ分けるときに、これを自然に行っていけば、ほとんどの人は、一方の山が残りの山よりも2枚ずつの組を1組余計に含むことになることに気付かない。

このトリックは約100年前に考案されたものであり、ピアノ・トリックという名はテーブル上に伏せられた両手がピアノの演奏を思わせるから名付けられたものである。

4枚札のトリック

演技者は1組のトランプを観客にシャッフルさせる。演技者はこれを受け取って上着の右ポケットに入れてから観客に向かって

「何でもいいので心に思うカードを1枚言ってください」と言う。

相手が例えば「クラブのジャック」と言ったとする。

演技者はポケットに手を入れて、まず1枚のカードを裏向けで取り出し

「これは多分あなたの選んだカードと同じマーク、つまりクラブです」

と言って表を向けると、それはクラブの2である。

演技者は続いて2枚のカードをポケットから裏向けに出して、

「さっきのカードとこのカードの数字を足せば、あなたの選んだジャック、

つまり11になるはずです」
と言って表を向ける。後から出した2枚はAつまり1と8で、先程のカードの2を加えると11となり、数字の方もカードを見ずに出したわけである。

準備と種明かし

トリックを行う前に、演技者はあらかじめダイヤのA、クラブの2、ハートの4、スペードの8の4枚を抜き取ってA、2、4、8の順になるように自分の上着の右ポケットに入れておく。観客にシャッフルさせたトランプも、あとからこのポケットに入れるのであるが、そのときこれを前の4枚のカードの下に重ねて、4枚がデック（1組のカードの山）の一番上にくるようにするのである。

観客はもちろん、トランプを切るときに、演技者のポケットに4枚のカードがあることは知らない。4枚のカードは、2の累乗をなす点数なので、これらのカードを適宜組み合わせれば、1から15までのどんな整数でも任意に作り出せる。

また、4種のマークはすべてこの4枚に含まれているから、そのうち1枚を選べば、指定のマークを取り出すことができる。

この例では観客は「クラブのジャック」と言ったので、デックのトップ以下にダクハス（ダイヤ・クラブ・ハート・スペード）の順で置いてある4枚のうち、2枚目を出すことでクラブを示すことができる。この札は2である。ところでジャックつまり11を表す2の累乗数の和は、1＋2＋8であり、2はすでに出ているから、ポケットの中からトップのAと、1枚おいた次の8を取り出して初めの2との和が11になるようにすればよいのである。

つまり、求めるカードの数に対して、初めに出したカードの数が、合計点数を作る組み合わせに含めるべきであれば、あとは、これに付け加えるのに必要なカードを順次取り出して合計するのである。しかし、最初のカードが求める合計数の一部とならない場合には、出したカードを一旦マークの指定だけに使ったものとして扱い、求める点数はほかのカードを数枚ポケットから取り出して作り出すわけである。

観客が4枚のカードのうちどれかを偶然口にしたときには、演技者はポケットからそのものズバリで1枚を裏向けに取り出して、おもむろに表を見せればよい。
これは、観客に必ず奇跡的という感じを与えることだろう。

色別枚数当て

演技者は観客に言う。
「私はこれから、予言を紙に書いておきます」
演技者は何らかの予言を書いて横に伏せ、続いて言う。
「すみませんが、このトランプをシャッフルしてください」
観客はトランプをシャッフルする。
「あなたは、これから、このトランプを2枚ずつ組にして、表を向けながらテーブルの上に並べてください。出した2枚のカードが両方とも黒マークなら右側に、両方とも赤マークなら左側に積んでください。黒と赤の組み合わせで出たときには、捨て札にして別のところに置いてください。そして、このトランプ全部を使い切ってください」
観客はそのようにして、全部のカードを配り終える。
演技者はそこで、赤と黒の山の枚数をそれぞれ数える。ここで先程の予言を取り出して読みあげる。そこには「黒の方が赤より4枚多い」と書いてあり、その通りである。
演技者は、また第2回目の予言を書いて横に伏せる。カードを集めてシャッフルし直し、それを観客に渡して上の動作をまた繰り返させる。今度の予言は「赤の方が黒より2枚多い」となっており、これもまた正しいことがわかる。
最後にもう一度予言を書いたのちに第3回目を行うが、今度は赤と黒は同数ずつである。予言には「両方の山は同数ずつである」となっており、これで予言は常に当たっていたことになる。

準備と種明かし

このマジックはテーブルの上で行うのがよい。演技者のひざがテーブルでかくれて、向こう側に座る観客に見えないことが望ましい。

このトリックを行う前に、演技者は赤いカードを4枚こっそりと抜き取っておき、ひざがしらに挟んでおく。

第1回目を配り終わったときには、黒の山は赤の山より4枚多いはずである。その理由は当然のことだが、捨て札の半数は赤、半数は黒であり、赤と黒を同数ずつ全部のカードから差し引いたことになるからである。全カードの中には、4枚の赤いカードが不足しているから、必然的に黒の山が赤の山より4枚多いことになる。

第1回目の終わりに、相手の注意が2つの山の枚数を数えることに向いている間に、演技者は赤と黒が混ざった捨て札の山を取ってひざに隠し、先にひざに挟んでおいた4枚の赤カードをまぜ、今度は黒カード2枚を抜き取る。そのあと、全部のカードを集めて相手にシャッフルさせれば、黒カードが2枚足りないわけなので、第2回目の予言通りになる。

最後の第3回目を行う前にも、同様なことを行うが、今度は2枚の黒カードを戻すだけでよい。全カード52枚が揃っているのであるから、黒、赤の山は同数ずつになるわけである。だから、観客がトリックの終わったあとで全部のカードを点検しても、何の仕掛けも見つけることはできない。

不可解な予言(その1)

演技者は観客にトランプをシャッフルさせ、テーブルの上に置かせる。そして

「私はこの52枚のカードのうち特に好きなものが1枚あるんです。その名前をこの紙に書いておきます」

と言って、そっと紙片に、例えば「ハートの5」と書く。これを伏せて、書

いた内容が観客の一同にわからないように置く。

さて、演技者はデックの上から12枚を取り出してテーブルの上に伏せて並べ、観客に「どれか好きな4枚にさわってください」と頼む。

観客が触れた4枚は表を返し、残りのカードは集めて、まだ手に持っていたトランプの下に重ねる。

表を返した4枚のカードが、2、7、10とクイーンだったとする。演技者は観客に

「この4枚のカードに手持ちのカードを配って、どの山も10になるようにします。なお、ジャック、クイーン、キングはすべて10点とみなします」

と言って、そのようにする。

例えば、2のカードの上には8枚のカードを「3、4、5、6、7、8、9、10」と唱えながら重ねる。7のカードの上には3枚を配る。10のカードの上には何も配らない。ジャック、クイーン、キングはすべて10点とするので、クイーンの上にも配らない。

さて、演技者は

「4枚のカードの点数を加えると、2＋7＋10＋10＝29ですね。では、このトランプを上から1枚ずつ数えて、29枚目が来たら裏向きのままストップしてください」と言って観客に手持ちのトランプを渡す。

観客が29枚目まで数えたとき、演技者は

「はい、それが29枚目ですね。開けずに待ってください。私が特に好きなカードはこれなんです」

と、先程の紙片の表を向けると、「ハートの5」と書いてある。演技者は

「あなたが選んだカードはこれです」とカードの表を向ける。

すると、そこにはハートの5がある。

準備と種明かし

演技者はまず一組のトランプからジョーカーを除いてデックを52枚にしたら、観客にシャッフルさせる。それを受け取った後、こっそりと一番下のカードを見て、その名前を予言して紙片に書き記す。

そうすれば、この手順で自動的にうまくいく。このとき、8枚のカードを集めて手に残っていたトランプの下に重ねれば、名前を書いたカードは上から40番目である。

カードを正しく配って、表向きの4枚のカードの点数を加えれば、最初に観客がトランプをシャッフルしたにもかかわらず、合計点数は必ず目指すカードの順位を示すことになる。

このトリックと同じ原理を用いるマジックでは、実はジャック、クイーン、キングには1から10までの観客の好む任意の点数を与えて差し支えない。この場合、演技者は、「絵札はあなたが、自由に点数を決めてください」と言ってもよい。

例えば観客がクイーンを6としたとする。それはこのトリックの操作に何の影響も及ぼさない。クイーンの上にはあと4枚重ねることになる。その一方、上の例では、2＋7＋10＋6＝25なので、25枚目を数えさせるわけで、絵札の数指定による影響は相殺されてしまい、このトリックの神秘さを増す効果があるだろう。

もし観客が自分でこれと同じことをしてみようとしたら、トリックを行うときにジョーカーを加えておけばよい。これで観客は演技者がした通りにやってみても成功することはないはずである。

不可解な予言（その2）

演技者は観客にトランプを渡してシャッフルさせる。その後、トランプを受け取って、テーブルの上に9枚のカードを伏せて積み重ねる。

演技者は観客に

「このカードの中から1枚を選んでください」と言う。

観客がカードを選んだら、

「それが何のカードなのかを見て、覚えてください。覚えたら、そのカードを残りの8枚の上に乗せてください」と言う。

観客がそうしたら、演技者は手持ちのカードをその山の上に重ねる。
さて、演技者はこのトランプを観客に持たせてから言う。
「そのカードを1枚ずつ表を返しながら、10、9、8、7………と逆順に声を出して1まで数えてください。そして、あなたが言う数と、めくったカードの数がちょうど同じになったら、そこまでで一山できたことにしてください。それから残りのトランプについて、同じようにしてください。でも、あなたが1を数えるまで、言う数とカードの数がそろわないときには、できた山を伏せてから手元のカードの一番上のカードをもう1枚伏せて乗せて、残りのカードの上に戻して続けてください。このようにして山を4つ作ってください」
観客は演技者の言う通りにやってみて、表が上になった山を4つ作る。
演技者は「さて、この山の表の数字を足してみましょう」と言い、4つの数字を加える。例えば23だったとする。
演技者は残りのトランプを観客に渡して言う。
「合計は23ですね。そのカードを23枚目まで数えてください」
観客が数える。
「さて、さっきあなたが覚えた札は何でしたか」
観客は何の札だったかを言う。表をあけると、そこに、観客が言った札がある。

準備と種明かし

これは、使用するカードが、ジョーカーを除いた52枚でありさえすればよく、ほかには何も準備はいらない。とにかく不思議なことに、当たってしまうのである。

トランプに全く触れないカード当て

演技者は、1組のトランプを観客に渡す。

「今お渡ししたトランプには、種もしかけもありません。念のため、ざっと見てください」

観客はトランプを自分の方に向けてざっと中のカードの並び方を見るが、別に種はなさそうである。

「これから、世にも不思議なマジックをしましょう。私は最初から最後まで、一切そのトランプにさわらないのです。あなたには少し時間をかけていろいろやっていただきますが、よろしいですね」

観客は承知する。

演技者はテーブルを指して、

「では、まずそのトランプをそこに置いてください」と言う。観客がAの位置に置く。

「そのトランプを半分よりちょっと少なめに持って、隣に少し離して置いてください」

観客はトランプの4割ぐらいを持ち上げて、少し離してCに置く。

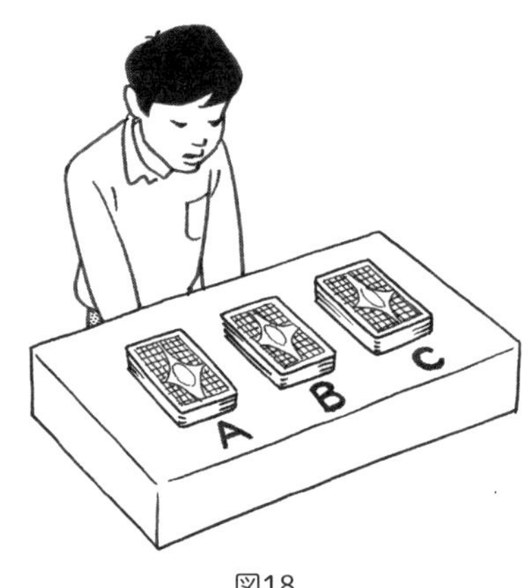

図18

「残ったトランプの山を半分ほど持って、2つの山の間に置いてください」

観客がAの山から半分ほど持ち上げてBに置く。図18のようになる。

「初めに横に置いた山（C）をよく切って、一番上のカードが何だかを見て覚えてください。私には見せないで、ほかの皆さんには見せてください」

観客はCの山を切ったあとで一番上のカードを見る。スペードの5だとする。他の観客がいるときは、その人たちにも見せる。

演技者は逆のはじの山（A）を指しながら、

「こちらの山（A）をよく切って、初めの山（C）に乗せてください」

　観客がAの山を切ってCの山の上に乗せる。
「あなたがさっき見たカードは、この山の中に入ってしまいました。私にはあなたが何を見たか、わかるはずはありません。そうですね」
　観客は同意する。
「さて、この2つの山のどちらかを残りの山に乗せて1つにしてください」
　観客がそうする。
「この山を落とさないように表を上にして持って、順に見ながら、ジョーカーを探していってください。見つかったら、あった、と言ってください」
「はい、ありました」
「ジョーカーも含め、そこから下になった分を全部残りの上に持ってきてください。そうすると、ジョーカーが一番上に見えます」
「はい、できました」
「そのトランプの山を裏向きに持って、カードを相手、自分、相手、自分と間違えないように1枚ずつ順に重ねていってください」と演技者はテーブルの位置を指差してわからせる。
　観客は図19のように配っていき、最後のカードを演技者の方に置いて終わる。
　演技者は演技者側の山を指差して
「この山の一番上のカードはジョーカーになるはずですね。一応見てください」と言う。
　観客が見ると、そうである。
　続いて演技者は、再び演技者側の山を指して、
「それから、これは全くの勘ですが、この山には、さっきあなたが覚えたカードは入っていないと思います。確かめてください」と言う。

図19

　観客が見ていくと、たしかに入っていない。
「入っていませんね」

「ではこちらは要りません。横に置いてください」と少し離れたところを指す。
観客が置く。演技者は観客の方の残った山を指差して、
「この山を持って、さっきと同じように1枚ずつ相手、自分、と置いていってください」と言う。
観客が順に置いていく。最後のカードを観客の方に置いて終わる。
演技者は演技者側の山を指差して
「この山にも、あなたの見たカードはなさそうな気がします。見て、そうだったら、その山をさっき横に置いた山の上に重ねてください」と言う。
観客がそうする。演技者は残りの山を指して、「この山を持って、さっきと同じように、1枚ずつ置いていってください」と言う。
観客が順に置いていく。最後のカードを演技者の方に置いて終わる。
「その山をさっき横に置いた山の上に重ねてください」と言う。
観客がそうする。観客の前には6枚残っている。
「この山を持って、さっきと同じように、1枚ずつ置いていってください」と言う。
観客が順に置いていく。最後のカードを観客の方に置いて終わる。
「私の方の山をさっき横に置いた山の上に重ねてください」と言う。
観客がそうする。観客の前には3枚だけ残る。
「この山も、さっきと同じように置いていってください」と言う。
観客が順に置いていく。最後のカードを演技者側に置いて終わる。
「これも横の山に重ねてください」と言う。
観客がそうする。観客の前には1枚だけ残っている。
「ところで、あなたがさっき覚えたカードは何でしたか。言ってください」
「スペードの5」
「残ったカードを開けてください」
観客が開ける。なんとそれはスペードの5である。

準備と種明かし

このマジックはすべての動作を観客にさせるのであるが、トランプの順が崩れてしまっては失敗するので、やや滑りにくい紙質のトランプを用意する。プラスチック製のものは滑りやすいからなるべく避けた方がよい。

はじめにジョーカーを選んで別に置く。

そのデックを表を向けて21枚を数え、その次にジョーカーを置く。すると裏を上に持てば32枚目にジョーカーがあることになる。これが準備である（図20の①）。

それからあとは、先に記した手順の通りにすればよい。演技者が全く手をふれずにこの奇術は成功する。

なぜだろうか。それは次のように考えればわかる。

まず53枚のトランプの組の代わりに、1から53までの番号がふってあるカードが、その順に並んでいるとしよう。

その場合、観客が1から始めて相手、自分、相手、自分と置いていくとき、最後に残るカードはいつやっても常に同じものであるのはいうまでもないが、その数字は22である。

したがって、53枚のデックでは、上から22枚目のカードが配り手の方に最後に残るのである。

このマジックは、観客が見たカードをいかにして自然に22枚目に持ってくるかを考えればよい。それには、観客の見たカードの上に21枚の別なカードが乗るようにすればよいわけである。

トランプはどのように切っても一山の枚数自体は変わらない。Ａ・Ｂ・Ｃの山のうち、まずＢにジョーカーが必ず入るようにすれば（図20の③）、Ｂのジョーカーより下の部分とＣのトップまでの枚数は開始時から21枚になっているのであり（図20の⑤）、このマジックの手順通り進行すれば、その枚数は変わらない。

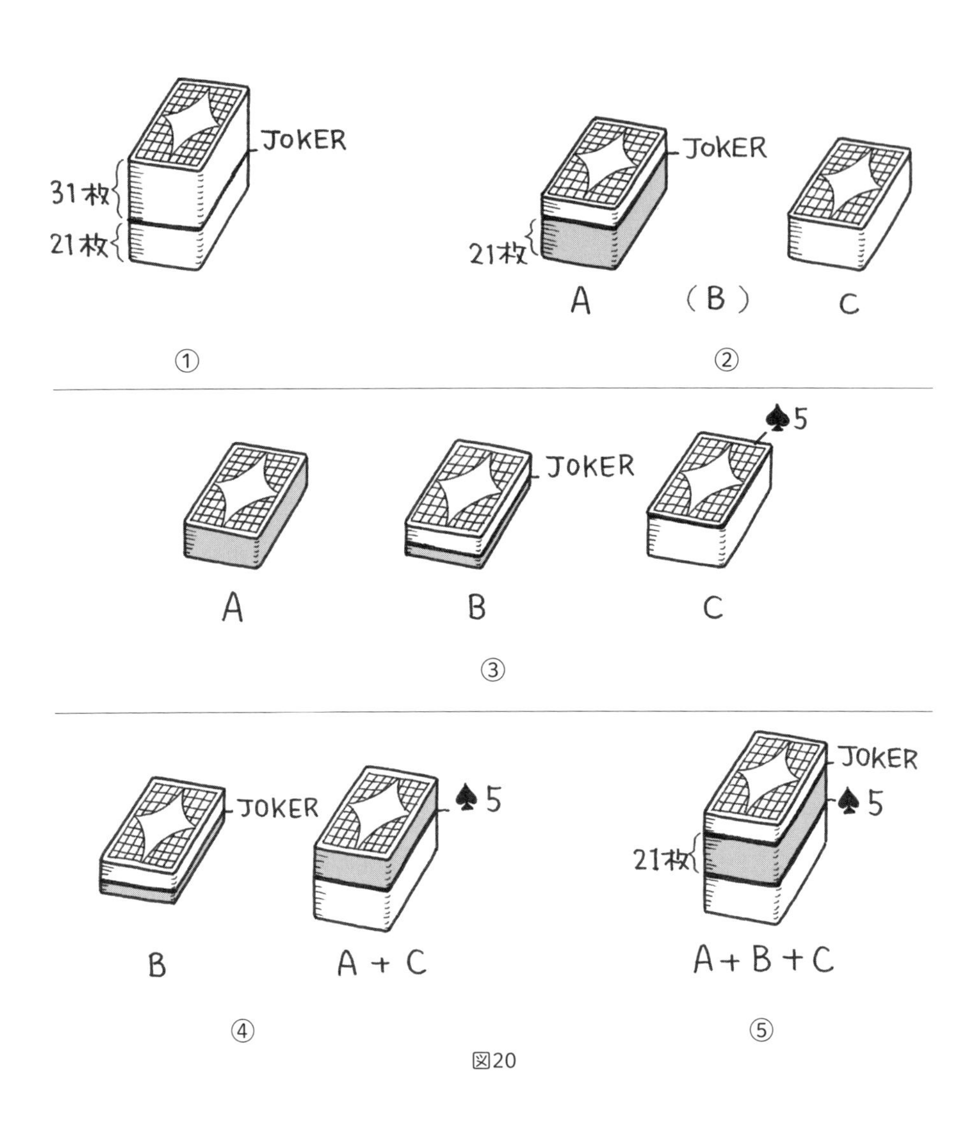

図20

恐るべき超能力

演技者は、デック（ここではジョーカーは除く）を何度か切った後、観客に言う。

「カード当ては、だれでもある程度はできます。例えば、私は、一番上の5枚ぐらいなら記憶できます」と言い、表を自分の方に向けて5枚ぐらいゆ

っくり見る。その後、観客に
「5枚だけですが覚えました。言ってみましょう。ハートの8、スペードのジャック、ダイヤのA、クラブの4、ハートの7ですね」と言いながら、1枚ずつ見せていく。たしかに当たっている。
続いて演技者は、
「今日は私は正確に記憶できそうです。では6枚目からあとを見て覚えます」と言って、次々と見始める。その速さは次第に速くなり、30枚目くらいから後はただめくっているだけのようである。
「さあ、覚えてしまいました。どなたか、適当に何枚目と私に指定してください。もしかしたら、そのカードを言えるかもしれません」
観客の1人が手を上げ、例えば「29枚目！」と言ったとする。
演技者はしばらく考えた後、「ハートのAですね」と言い、
「では、見てみましょう」と言いながら、左手にデックを持ち、右手で裏返しのまま、1枚ずつ数えていく。
28枚を数え取ったあと、
「次が29枚目です」と言い、そのカードの表を見せる。
なんとハートのAである。

準備

このマジックをするには、事前に準備しておいたデックが必要となる。その方法を説明してから、デックの使い方（a～d）を順に解説していくが、上の例はcを行ったものである。
まず、演技者は、デックを、マークによって左からダイヤ、クラブ、ハート、スペードの4つの組に分け、マーク順を「ダクハス」と覚えることにする。ジョーカーは使わないので、別にしておく。
次にそれぞれのスート（マークごとのグループ）を表が見えるように手に持ち、裏にしたときの一番上のカード（トップ）から、A，2，3………Kまでの順に並べて、ダイヤではA～4を、クラブではA～7を、ハートではA～10を、それぞれのKの前に移動する。そして4つの山を表を上にし

て卓上に並べれば、図21のように左から♢4、♣7、♡10、♠Kが一番上にくるようにできる。

さて、一番左の山の1枚（♢4）を左手の上に表を上にして置き、その上に次の山の1枚（♣7）を置く。さらに3番目、4番目の山の一番上のカード（♡10、♠K）を置いていく。すると卓上には今度は♢3、♣6、♡9、♠Qが出ている。それを順に手の上に置いていく。このようにして、♢、♣、♡、♠（ダクハス）の順で最後のカードの♠Aまでをすべて手の上に置く。これで準備はでき上がりである。

演技者はマジックを観客に見せる前に何度か練習をすることが望ましい。また、演技を始めるときには通常、ただのカットを何回か繰り返す。これはデックの適当な下半分を上に乗せるだけで、手さばきをスムーズにすれば、一見、中ほどからカードを取って上に乗せたものと差を感じさせない。

そして、一連の配列は全く崩さないままで、マジックに入るのである。

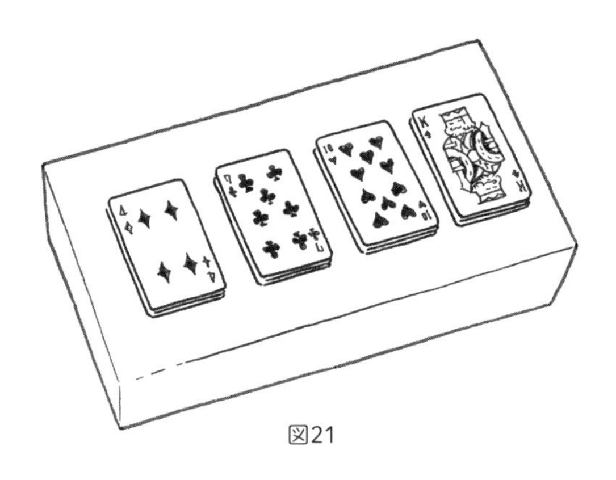

図21

a. 裏向けになっているトップのカードを当てる

まず、デックを手にしたとき、そのトップの位置で裏向けになっているカードを当てることは容易である。デックのカードを一度卓上でそろえる動作をするときに、そのボトム（底）のカードを見ておく。マークは「ダ、ク、ハ、ス」の順で循環するから、トップのカードのマークが定まり、数字は3を加えたものである。ボトムがJ、Q、Kならばこれを11、12、13と考える。3を加えれば14、15、16となるが、13より多いときには13を引いて、A、2、3となるわけである。

例をあげよう。右側の答えを隠して練習するとよい。

ボトムが♢の5なら……………トップは♣の8である。
ボトムが♠のQなら……………トップは♢の2である。
ボトムが♡のAなら……………トップは♠の4である。
ボトムが♣の10なら……………トップは♡のKである。

b. 相手が自由に開いた場所の裏向きのカードを当てる

これも前述と同じである。演技者が左手に持ったデックを相手に開かせる。そのとき、相手が分けた上半分は自分の右手で支えておくが、上半分の方のボトム、つまり相手が開いたところに出た表の面は必ず読めるので、aと同じ方法で裏の面もただちに当てられる。しかし、すぐ答えてしまっては、デックが循環しているのではないか、一連の特別な組み合わせになっているのではないかと疑われることもあるので、いかにも考えているように見せるのがよいだろう。

c. 指定位置にあるカードを当てる

これは多少の熟練が必要である。

まず、相手が指定する枚数が4の倍数であるときは簡単である。枚数を4で割り、その数をボトムの数から引けば数字が決まり、マークは同じであるのでただちに当てられる。ボトムの数の方が4で割った数より少ないときにはボトムの数にまず13を加えてからボトムの数を引くのである。

例えば、ボトムが♡の7であって、24枚目が指定されれば、24÷4＝6であるから、7から6を引いて1、つまりAとなり、マークは同じなので、24

枚目には♡のAがあるのである。少し練習をしてみよう。

ボトムが♣のJの場合、トップから16枚目は………♣の7である。
ボトムが♠の5の場合、トップから28枚目は………♠のJである。

この場合、5から7が引けないので、まず5に13を加えて18とし、それから7を引いて11つまりJとなる。

ボトムが♡の8の場合、トップから44枚目は………♡の10である。
ボトムが♢の4の場合、トップから8枚目は………♢の2である。

d. 後ろ手で持ったデックの中から指定するカードを取り出す

演技者はカードを後ろ手で持って観客に言う。
「私は今、後ろ手で持ったカードが見えるような気がします。あなたが言うカードを探せるかも知れません。何か好きなカードの名前を1つ言ってみてください」
観客が「ハートの2」と言ったとする。
演技者は、
「ハートの2ですね。どこにあるかなあ。しばらく後ろに目をうつして、よく読み取りましょう………いや、別に後ろに鏡など置いてありませんから安心してください」と言いながら、後ろ手で裏が上になっているトランプを1枚1枚確認しながら、観客の言ったカードを探していく。その様子はあたかも後ろに目がついているようである。
1分ほど経つ。
「おまたせしました。ハートの2は、多分このカードのような気がします」と演技者は言い、裏向きの状態でカードを1枚前に出す。観客が注視するところで、おもむろにそのカードの表を向ける。するとなんと、そのカードはハートの2である。

準備と種明かし

この演技はa～dの中で最も難しいが、1～2時間も練習すれば間違いなく当てられるようになる。

まず、カードの並べ方は、初めに述べた通りである。

演技者はデックを後ろに回す前に一旦そろえる。その時に、ボトムを見て、覚える。

ここではボトムがスペードのクイーンだったとしよう。

相手に望みのカードを言わせる。ここでは相手はハートの2と言ったから、まずハートのカードを1枚見つけなければならない。スペードに続くマークの並び方を心の中で言う。スで終わったのだから、トップから、ダ、ク、ハとなっているはずである。だから3枚目が求めるハートであることはわかる。

さて、この配列では枚数が増えるたびに点数は3ずつ増える仕組みになっている。トップから3枚目はボトムから3枚（9点）あとになり、クイーンつまり12に、9を加えれば21。13を引いて、3枚目はハートの8である。

ところで、このカードの配列では、4枚進むたびに同じスートで点数が1下がる。だからハートの2になるためには、8－2＝6だけ点数が下がる必要がある。そこで4×6＝24だから、先ほどの3枚目からさらに24枚先にあることがわかる。

3＋24＝27で、演技者は、後ろ手で27枚目まで順に数えていき、そのカードを裏向きのまま出して、指定されたカードを観客に言わせたあと、表を向ければよい。

なお、演技の仕方としては、位置が計算できたあとで、

「皆さんのリクエストがあったハートの2は、上から27枚目にあるように見えます」と言って、デックごと前に出し、そのあと、観客の見ている前で順に数えてもよい。これも効果がある当て方である。

このマジックは、52枚もの中から指定のカードを選び出すので、種を知らない観客には超能力的な感じがする場合もある。そのため、計算の誤りをできるだけ避けたいものである。そのために、確かめをすることを勧め

たい。

まず、このデックは26枚目に、ボトムと同じ色、同じ数字で違うマークのカードがあることを知っておきたい。これを用いれば、さきほどの枚数で27枚目が計算できたら、1枚戻して、26枚目がボトムのスペードのクイーンと同色のクラブのクイーンであるとわかり、ダクハス順と3枚差から、27枚目はハートの2であることが確かめられるのである。

この演技には練習が必要であるから、ここでも数題を練習用に掲げておく。解答を出すまで、点線の右の答えは何かで隠しておくとよい。

ボトムが♢の10の場合、♣の４は………トップから37枚目にある。
ボトムが♡のＫの場合、♢のＡは………トップから22枚目にある。
ボトムが♠のＪの場合、♣のＡは………トップから14枚目にある。
ボトムが♡の９の場合、♡の７は………トップから８枚目にある。
ボトムが♠の３の場合、♡の６は………トップから27枚目にある。
ボトムが♣の８の場合、♠の５は………トップから38枚目にある。

なお、13枚目の倍数ごとにダクハス順に同じ数字のカードが現れる。トップから40枚目以上になると、数えるのを観客がじれったく思うこともあるので、工夫して後ろから数えることもできるようにしたい。

⑥ ダイス（さいころ）を使って

英語で「さいころ」を意味する言葉はダイ（die）である。この複数形のダイス（dice）は、小さな立方体の表面に1から6までの目を刻んである遊び用具として、トランプなどと同様、古くから用いられた。

驚くべきことに、古代のギリシャ、エジプト、中国などで出土するダイスの中には、現代のダイスと同じようにできているものがある。つまり、1から6までの小さな点が立方体の各面に刻まれており、しかも表裏2面の合計が7になるように配列されているのである。

各面の現れ方において等しい確率を保証できる立体は正多面体と他の特殊な多面体だけであるが、その中では立方体がゲーム用具として最も利点を持っている。実際、正4面体と正8面体はほとんど転がらない。また正12面体や正20面体はかなり球体に近いので、遠くまで転がってしまう傾向がある。

立方体には6つの面があるから、各面とも基数つまり1桁の数としての表示ができ、相反する2面の和の7は、簡素と調和の数として意味づけられたものだった。そしてもちろんこの配列は、6個の自然数を2個ずつに組み合わせて決まった数にできる唯一の方法であることは言うまでもない。

ダイスを使う数学マジックの大部分は、この「相対する面の数の和は7」という原理をもとにしている。しかもすぐれたダイスマジックでは、この原理が非常に巧みに応用されていて、なかなか種を知ることができないのである。

合計の点数を当てる

演技者は観客に背を向けて、その間に客に3個のダイスをテーブルの上に転がしてもらう。そして言う。

「3個のダイスの上に出た面の点数を合計してください。でも、答えは言わないでください」

図22

観客の目前には、例えば図22のように5、2、6が出ているとしよう。観客は暗算で合計するが、答えの13は言わないでいる。

「はい、足しました」

「次にどの1つでもいいのですが、そのダイスの裏の数字をさっきの合計に足してください。答えは言わないでください」

観客が例えば5が出ているダイスを手にすれば、裏は2である。それを加えると15になる。結果は言わず、だまっている。

「そのダイスを転がして、また出た数を加えてください」

観客はさっきの5−2のダイスを転がす。4が出たとする。それを加えると19である。

さて、演技者は観客の方に向き直る。

「あなたがどのダイスを選んで転がしたのか、私には、わかるわけがありませんね」

演技者は3個のダイスを手に取ってしばらく手の中で振る。そして

「あなたが計算した合計点がわかりました。それは19ですね」という。

観客は、当たっていることに驚く。

準備と種明かし

演技者は観客の方に向き直って3個のダイスを手にとる前に、3個の点数（この場合は4、2、6）を合計する。例の場合は12である。これに7を加えたものが、観客が計算した最終合計点である。

積み重ねの点数を当てる

演技者は3個のダイスと、不透明なカップを卓上に出して、

「私は後ろを向いていますから、あなたはその3個のダイスを勝手に振ってから積み重ねてください」と言う。

観客はダイスを振って図23のように積み重ねる。

「上のダイスと中のダイスが触れている面をあけて、その2つの点数を足してください」

「できました」

「その数に中のダイスと下のダイス合わさった面の点数の合計を足してく

ださい」
「はい、足しましたよ」
「では、その数に、一番下の面の数を加えてください」
「はい、できました」
演技者はちょっと振り返り、「終わりましたね」と言ってまた後ろ向きのまま、
「そのダイスの柱にカップをかぶせてください」と言う。

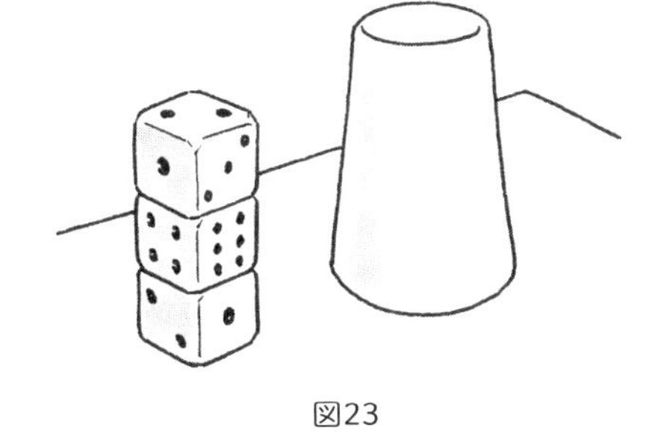
図23

「はい、できました」
「さて」と、演技者は観客の方を向き、右のポケットに手を入れて、マッチ棒の束を取り出して卓上に置く。
「このマッチ棒を数えてください。あなたの計算した合計数ですから。ところであなたが計算した結果はいくつでしたか？」
例えば観客が「19」と言う。その後、マッチ棒を数えると確かに19本である。

種明かし

まず演技者は右のポケットの中に21本のマッチ棒を入れておく。
観客が各面の合計を計算し終わったら、演技者は観客にダイスの柱をカップで覆ってくれ、と言いながら、ちょっと振り返った時に一番上のダイスの目を読む。たとえば2だったとしよう。演技者はポケットに入れた手で、マッチ棒の全部をつかみ、そのうち柱の上面の数、この例では2本をポケットの中に残して、残り全部を取り出す。そうすれば、卓上に置いたマッチ棒の数は、5つの面の合計点数に等しくなるのである。

振って出たダイスの目を当てる

演技者は観客に3個のダイスを渡す。そして、演技者が見ていないうちに、観客に3個のダイスを振らせる。

演技者は観客に「ダイスを振りましたね。ではその1つの目に2を掛けて5を加えてください。答えは言わないでください」と言う。観客が「はい、しましたよ」と言ったら、「その答えを5倍にしてください」と言う。

続いて「その結果に別のダイスの目を加えてください。そして、その結果を10倍してください」と言う。

最後に「できたらその結果に残っているダイスの目を加えてください」と言う。

演技者は観客にその結果を教えてもらう。相手がもし614と言ったとしよう。演技者は直ちに「ではあなたが振って出したダイスの目は3と6と4ですね」と当てるのである。

準備と種明かし

演技者は教えられた数から250を引けばよい。例では614－250＝364となる。この答えを作っている各桁の数が3個のダイスの目の数となる。

「はい」「いいえ」でダイスの目を当てる

演技者は観客に言う。

「私はこれからあなたの思ったダイスの目を当ててみせます。ちょっと変わっているのは、あなたは、『はい』か『いいえ』のどちらかを数回言うだけなのです。では、やってみましょう」

演技者はテーブルの上に右手を出し、顔は手が見えないように左を向く。

「ダイスを振って、それを私の手のひらの下に入れてください」

「次に1から6までの数を1つ考えてください」
演技者は手のひらを持ちあげる。ダイスはさっき観客が投げた状態であるが、演技者がわずかに動かして、観客にはその3つの面が見えるように置かれている。
「あなたが考えた数がそこに見えますか？」
「いいえ」
演技者はダイスに手のひらをかぶせ、その面を変えて手をあげる。
「あなたが考えた数がそこに見えますか？」
「はい」
演技者はもう一度ダイスに手のひらをかぶせ、その面を変えて手をあげる。
「あなたが考えた数がそこに見えますか？」
「いいえ」
演技者はダイスを覆ってその面を調節する。手のひらをあげると観客の考えた数の目が出ている。

準備と種明かし

これは演技者が頭の中でまずダイスの6つの面を想定し、それから第1回の相手の答えによって、求める面が入っている3つの面を頭の中で描くのである。
次に演技者は、残りの3つの面のうち、2つが観客に見えるようにダイスを向ける。そしてそれと同時に一番最後に残る面の位置を思い浮かべておく。相手が「いいえ（つまり、自分の数は見えない）」と答えたら、この質問は2回で打ち切って残りの面を見せればよい。また、「はい」と答えたら、その2面のうち、一方だけが見えるようにダイスを向けて、第3の答えが「はい」なら見せた方、「いいえ」なら見せない方と決まり、その面を上に直せばよいのである。

目隠しをしてダイスの目を当てる

演技者は、ダイスゲームの合間にこんなことを言いだした。
「私に目隠しをして、後ろ向きにすわらせてください。そして2つのダイスをころがして下さい。その2つのダイスの目をぴったり当ててみます。もし間違ったら、何かおごりましょう」
ゲーム仲間は演技者の言う通りにする。すると演技者は次の質問をする。
「ダイスの目の数のうち、どちらでもいいから、好きな方の目数に2を掛けて、それに5を足してください。できたらさらに5を掛けて……その答えに、もう1個のダイスの目を加えます。さて、いくらになりましたか？」
ゲーム仲間は「70」と答えた。
「それではダイスの目を当ててみます。5と4ですね」
演技者が言う通り、ダイスの目は5と4だったのである。

準備と種明かし

このやり方はとても簡単である。相手が計算した答えの数字から25を引くだけでよい。70から25を引くと45になる。この2つの数字がダイスの目で、それを言えばよいだけである。

7 カレンダーを使って

四角に囲んだ中の数字の合計を当てる

演技者は観客に背を向けて言う。
「手帳にカレンダーのページがありますね。そこを開いてどの月でもいいですから選んでください。そのカレンダーのどこでもいいですから、3つずつ3段（3×3）で9個の日付を四角で囲んでください。それから、その日付を、電卓で足してください。出ましたか。私もちょっと暗算してみましょう。その四角の中で一番小さな数字はいくつですか」
「14です」
「ああ、それではあなたが出した合計は198ですね」
当たっているので観客は驚く。

準備と種明かし

相手の言った数に8を加え、9倍すればよい。図24の通り、最小の数に8を加えたものは中央の数であり、それが9個の数の平均（総和を9で割った値）だからである。

SUN	MON	TUE	WED	THU	FRI	SAT
		1	2	3	4	5
6	7	8	9	10	11	12
13	14	15	16	17	18	19
20	21	22	23	24	25	26
27	28	29	30	31		

図24

翌年の1・2月の曜日を当てる

初夏のある日、旧友に会った演技者が言う。
「どう？　来年の正月あたり、同窓会でもしようか」
「いいね。皆に連絡を取って呼びかけてみよう」
「すると、場所は○○あたりでやってと……1月か2月でいいかな」
「そうだね、ぼくはその頃でいいよ」
「何曜日にしよう」
「土曜日なんかどう？　それにしてもカレンダーがないかな」
「いや、心配はいらない。曜日ならすぐにわかる」
「じゃ、2月の土曜日は何日？」
「それなら、○日、○日、○日、○日だよ」
「何でわかるの？」

「まあね」と、演技者はさりげなく言う。

準備と種明かし

このマジックはまだ翌年のカレンダーが出回っていない時期、できれば5月か6月ごろ、今年の2ヵ月分ずつ出ているカレンダーが掛かっているところでするとよい。5月と6月のカレンダーは、次の年の1月・2月と曜日が毎年同じであるので、5・6月にこのマジックをやるときは、部屋に掛けてあるカレンダーをちらりと見るだけで答えられると言うわけである。なお、6月分は、翌年がうるう年でない限り、3月にも使えるので、その年度内の曜日は全部これでわかる。

なお、普段から5・6月分のカレンダーは捨てないで、月を1・2月として12月の次に貼っておくと、便利に活用できる。

日付の合計を当てる

演技者は観客にカレンダーを示し、鉛筆を渡して言う。

「このカレンダーの好きなひと月を選んでください」

観客が選んだら、演技者は、

「私はこれから後ろを向いています。この日付は5段ありますね。それぞれの段から好きな日付に○をつけてください。できたらその日付の合計を出してください」と言い、観客は図25のように○をつける。

8月

日	月	火	水	木	金	土
		1	2	(3)	4	5
6	7	8	9	10	11	(12)
13	(14)	15	16	17	18	19
20	21	22	23	24	(25)	26
27	28	29	30	(31)		

図25

「その中には、日曜日を何日入れましたか？」

「入れてません」

「月曜日を何日入れましたか？」

「1日です」
「あとの曜日は何日ずつありますか」
「火曜と水曜はありません。木曜が2日、金曜が1日、土曜が1日です」
「それでは、あなたの日付の合計は85ですね」
「たしかに85だ！」

準備と種明かし

演技者は相手がある月のカレンダーを選んだら、ちらりとそれを見て、ついたちが何曜日かを覚える。この例ではついたちは火曜である。

さて、ついたちを含む縦の列の和は必ず75になっている（ただし、2月が28日までしかない場合は成立しない）。

演技者は相手に曜日を聞くが、その曜日が目指す列（この例では火曜の列）に対して、いくつ左と右に寄っているかを暗算する。月曜は火曜から一つ左だが、この日数が1なので、つまり−1。木曜（+2）が2つと、金曜（+3）1つと、土曜（+4）1つで火曜の右は合計11。差引+10である。これをついたちの列の計の75に加えれば85となるのである。

日付の合計数の予言

演技者は観客にカレンダーを渡す。
「好きな月を選んで、そのカレンダーの中で4つずつ4段（4×4）に並んだ16個の日付を囲んでください」

観客はそうする。演技者は小さい紙を出し、何か数字を書いて裏返しにして横に置く。
「この16個の日付のうち、どれかに丸をつけてください」
「その日付の縦の列と横の列のほかの日付を線で消してください」
「残った日付のうち、どれかに丸をつけてください」
「その日付の縦の列と横の列のほかの日付を線で消してください」

「残った日付のうち、どれかに丸をつけてください」
「その縦と横の列にあるほかの日付を線で消してください」
「最後に残った日付に丸をつけてください」

これで図26のようになる。

「4つ丸をつけた数を合計してください」

観客が計算し、例えば「56です」と言ったとする。演技者は、

「この紙の数字を見てください」と言う。紙の表を向けると「56」と書いてある。

10 OCT

SUN	MON	TUE	WED	THU	FRI	SAT
1	~~2~~	~~3~~	(4)	~~5~~	6	7
8	(9)	~~10~~	~~11~~	~~12~~	13	14
15	~~16~~	(17)	~~18~~	~~19~~	20	21
22	~~23~~	~~24~~	~~25~~	(26)	27	28
29	30	31				

図26

準備と種明かし

演技者は、観客が16個の日付を線で囲んだら、そのひとつの対角線の両端の隅にある数を加えて2倍し、それを紙に書くだけである。

ある年月日が何曜日であるかを当てる

これは数字当てではないが、カレンダーに関係があるので説明する。

まず、曜日当てのマジックでは、演技者が曜日を言ったあと、相手が演技者の言った通りであることを確認するために、近くにその年のカレンダーがあることが望ましい。

相手が手帳を持っている場合、翌年の1年分がわかることも多く、2年後の3月まで出ていることもある。

未来については普通その辺までが限度だが、過去の曜日は古い新聞などがあれば、最上段に年月日と曜日が出ていることが多いので、当たったかどうかを確認できる。

次に演技者は、マジックを行う当日の月日と曜日を確認しておく必要が

ある。これを間違うようでは話にならない。

さて、西暦年数による年月日の曜日を当てる方法を紹介しよう。

a. 万年七曜表を用いる方法

次の表を使って、西暦2039年までの全ての日の曜日を調べられる。

まずこの左上の欄から、西暦年数を選ぶ。うるう年の1・2月は（　）のあるところを使う。次にその列から真下に進み、月を選ぶ。一方、右上の欄でその日を選ぶ。月から右に、日から下に進んで、その交わるところの曜日が求める曜日である。

年　《うるう年の1・2月は（ ）のある方を使う》　日

(2012)	2012	2013	2014	2015	(2016)	2016	1	2	3	4	5	6	7
2017	2018	2019	(2020)	2020	2021	2022	8	9	10	11	12	13	14
2023	(2024)	2024	2025	2026	2027	(2028)	15	16	17	18	19	20	21
2028	2029	2030	2031	(2032)	2032	2033	22	23	24	25	26	27	28
2034	2035	(2036)	2036	2037	2038	2039	29	30	31	*	*	*	*
1,10	4,7	9,12	6	2,3,11	8	5	日	月	火	水	木	金	土
4,7	9,12	6	2,3,11	8	5	1,10	土	日	月	火	水	木	金
9,12	6	2,3,11	8	5	1,10	4,7	金	土	日	月	火	水	木
6	2,3,11	8	5	1,10	4,7	9,12	木	金	土	日	月	火	水
2,3,11	8	5	1,10	4,7	9,12	6	水	木	金	土	日	月	火
8	5	1,10	4,7	9,12	6	2,3,11	火	水	木	金	土	日	月
5	1,10	4,7	9,12	6	2,3,11	8	月	火	水	木	金	土	日

月　曜

b. キーカードを使って曜日を当てる

ある会の席で、A君がふと

「だれか、2020年のカレンダーを持ってない？　ちょっと調べたいことを思い出したんだ」と言った。

だれも持っていなかったが、B君が言った。

「ぼくは2027年までなら曜日のわかるキーカードを手帳に書いてあるよ」
「そんなのがあるの？　あまり聞いたことないな」
「ところで、A君、いつの曜日を知りたいの？」
「2020年の6月18日だよ」
「そうか。ちょっと待って」
B君は手帳を開いてちょっと鉛筆を動かしたが、すぐ「木曜日だね」と言った。
席に集まっていた一同は、「何か種があるんだね」と聞きたそうである。
さて、どうやって調べたのだろう。

準備と種明かし

下のキーカードを作っておくと、簡単な計算で曜日をすぐ当てられる。
求めたい年月日について、年の終わりの2桁、月のキー数、日付の数を足して7で割る。余りは0、1、2、3、4、5、6のどれかであるが、これを日月火水木金土で読み換えればよい。
A君が調べたかった2020年6月18日は、20＋1＋18＝39　であり、7で割ると4が余る。したがって木曜日となる。

年＼月	1	2	3	4	5	6	7	8	9	10	11	12
2000 - 2003	6	2	2	5	0	3	5	1	4	6	2	4
2004 - 2007	0	3	3	6	1	4	6	2	5	0	3	5
2008 - 2011	1	4	4	0	2	5	0	3	6	1	4	6
2012 - 2015	2	5	5	1	3	6	1	4	0	2	5	0
2016 - 2019	3	6	6	2	4	0	2	5	1	3	6	1
2020 - 2023	4	0	0	3	5	1	3	6	2	4	0	2
2024 - 2027	5	1	1	4	6	2	4	0	3	5	1	3

以降、年に28を加えれば、2099年まで繰り返し使える。4で割り切れる年（2000,2004,2008,……）の1・2月は1つ前の曜日となる。

8 時計を使って

時刻の打ち出し

演技者は相手に時計の文字盤の上の1つの数字を考えてもらう。演技者は、鉛筆で時計の数字の上を何度かコツコツと打ってみる。そして、

「この音に合わせて、最初の音を自分の思った数と考えて、その数から始めて黙って数えていってください。そして20を数えたら『ストップ』と言ってください」と言う。

相手はそうする。不思議なことに、演技者の鉛筆は、相手がちょうど「ストップ」と言ったときに、初めに考えていた数字の上で止まる。

準備と種明かし

演技者は最初の8つをでたらめに打って、9番目には12の上を打つ。ここを起点にして演技者は順に反時計回りに鉛筆を打っていけばよい。相手が「ストップ」をかけると、鉛筆はちょうど選ばれた数の上で止まる。

誕生日とダイスと時計

演技者は時計の絵とダイス、メモ、鉛筆を用意して相手に言う。

「私が後ろを向いている間に、このダイスを振ってください。そうしたら、時計の絵を見て、今出た目と同じ数字のところから、あなたの誕生日の日付分だけ時計まわりに数えて進んでください。もしあなたが24日生まれなら、24まで進んで、止まったところの数字を見るのです。見たら書き留めてください。次に、またさっきのダイスの目に戻って、今度は反時計まわりに同じ数だけ進んでください。その数字をさっき見た数字に足してくだ

さい」
　相手が「できました」と言ったら、演技者は
「いくつになりましたか？」と言う。
「20です」
「では、今、ダイスは4が出ていますね」と言う。
　当たっている。

準備と種明かし

　時計の絵を描いた紙とダイス、メモ、鉛筆を用意する。
　最後に相手の言った数が12以下のときは、その数の半分が答えである。また、12を超える場合には、12を引いてから残りを2で割ればよい。この例では20－12＝8、したがってダイスの目は4である。

方角を当てる

　時刻は午後4時半になっていた。天気は晴れだった。
　A君は、Bさんを乗せて初めての道をドライブする途中だった。
　2人はC町を通って帰ることにしていたが、あいにく地図は持ってきていなかった。
　道路のわきのところに偶然いた人に、
「すみません、C町はどっちの方ですか」と聞くと、その人は
「ああ、まっすぐ南だよ」と言った。
　まもなくY字路にさしかかった。
「あれ、南、どっちかしら」とBさんが言うと、A君は、「左手の道だよ」と事もなげに言う。
Bさんは「A君、わかるの？」と驚いた。
　A君はどうして左手が南とわかったのだろう。

種明かし

A君はアナログ時計を手にはめていた。この時計を水平にしながら、短針を太陽の方向に合わせる。すると、12時の方向と短針の方向とのちょうど真ん中が、ほぼ真南にあたるのである。午後4時半の場合は図27のようになり、そのことからA君は南の方向を確認できたのだ。

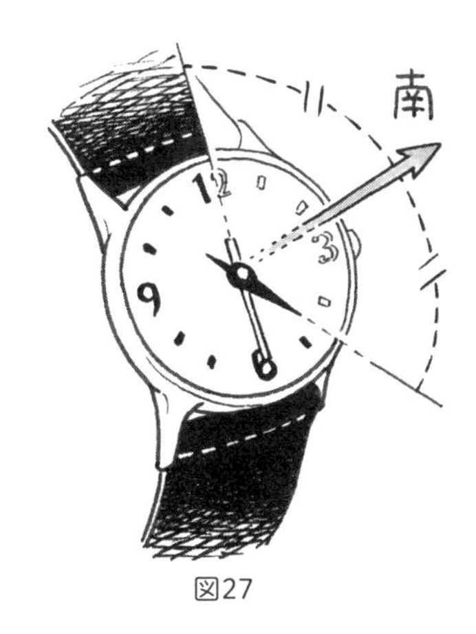

図27

ただし、この場合は午後なので、文字盤の右側にできる角を二等分している。午前中であれば、文字盤の左側を使わなければならない。また、ここでの説明は北半球での場合であって、南半球では同じ方法が北を指す。

9 作ったカードを使って

思った数字の当たるカード

数学マジックの起源は、あまりはっきりしないが、他人の年齢や誕生日など、観客が心に思う数を当てるためのカードは、この分野でもっとも古いものだと言えそうだ。

なかでも最も簡単なトリックは、1組のカード（ほとんど4〜8枚）のそれぞれに数を配列したものである。

演技者は観客にそのカードを渡し、心に思う数が含まれているカードを見落としのないように選んで演技者に戻す。演技者はそれらのカードをざっと見て、ただちに相手の思った数を当てるのである。

まず、誕生日（月でなく日付だけ）を当てるカードの作り方を述べよう。

$31=2^5-1$であるから、2進法で表せば11111となる。このため、図28のようなカードを作り、相手に任意の数を思わせて、どのカードにあるかを聞くと、相手が思った数を当てることができる。31は大の月の日数であるので、相手の誕生の日を当てることができるわけである。

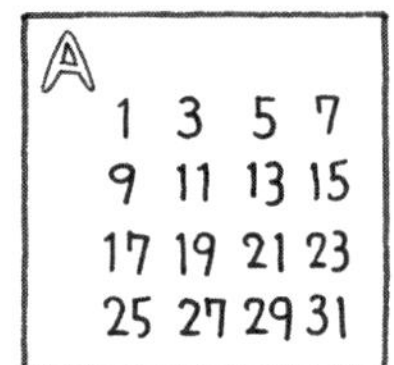

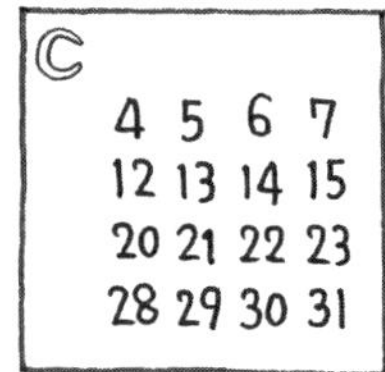

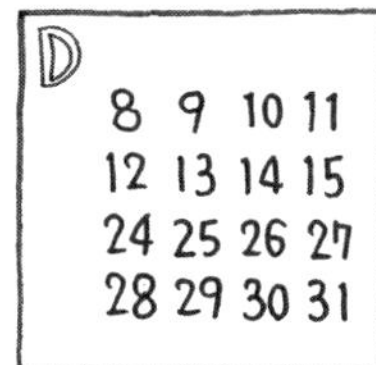

図28

準備と種明かし

観客が選んだカードの左上の数を合計するだけでよい。これらの手掛かりの数はすみやかに演技者にわかる。もしカードを見ない場合は、アルファベットで示した紙の文字を言ってもらうだけでもよい。この場合には、演技者は観客に後ろを向けてでも、目隠しの布をしてでも、ただちに当てられる。つまりA＝1、B＝2、C＝4、D＝8、E＝16を覚えればよいだけで、極めて簡単である。

また、別のやり方として、各カードに別々の色をつけておいてもよい。例えば白＝1、黄＝2、緑＝4、青＝8、赤＝16のように決めたり、色の明度の順に数字を決めたりしてカードを作る。このような色分けを用いると、観客がカードを選び分けている間、観客から離れて立っていても、観客が選んだカードを手に持ったのを見ただけで、カードの数字には目もくれずに、相手の数を言い当てることができるのである。

食べたいものなあに？

演技者は観客に「私は、あなたの心がわかる不思議なカードをもっています。これであなたの食べたいものを当ててみせましょう」と言う。

観客が応じたら、図29のカードを見せ、「じゃあ、このカードに描かれた食べもののうち、あなたが食べたいものを1つ選んで心に思ってください」と言う。

観客が「選んだ」と言ったら、演技者は、

「私がカードの穴のところを鉛筆で軽く叩くので、あなたは自分の選んだ食べものを心で1文字ずつ言ってください。そしてそのあと、あなたの名前をまた心で言って、終わったらすぐ『ストップ』と言ってください」と言う。

「たとえば、鈴木拓也という名前の人がアイスクリームを食べたいと思ったときには、私が最初に鉛筆でカードにさわったときから『アーイースークーリーイーム、すーずーきーたーくーや』と心で数えていくわけです」と方法を教える。

さて、演技者は

「初めに食べたいものを数え、次に自分の名前を数えるのです。いいですね。では始めます」と言って、カードを裏返しにして鉛筆で穴のところを叩き始める。

まもなく観客が「ストップ」と言う。終わったときに鉛筆が触れている穴に鉛筆を差し込み、カードの表を向けると、鉛筆のささっている穴は観客が食べたいと思った食べもののところである。

準備と種明かし

演技者は、初めに観客の名前をたしかめておく。カードを裏返しにした段階で、鉛筆を持ったら、まず相手の名前、たとえば「すずきたくや」に当たる文字数分をでたらめに打ち、その後に真上（プリンセスパウンドケーキのところ）から観客から見て時計まわり（つまりアイスクリームの方向）に1つおきに打っていけばよい。

このカードは、一番上から1つおきに打つと食べものの文字数が1つずつ減るようになっている。観客の名前の文字数分を初めにでたらめに打つのはカモフラージュのためで、どのように打ってもよい。そのあと上記のように打っていけば、必ず相手の思った食べもののところで止まる。

図29

菓子名店街

カードを観客に渡し、客の思っているものがどこにあるかを聞いて、ただちに観客の思っているものを当てる。ここでは、その方法が一見して数に関係がないようで実際には密接なものを紹介する。

演技者は観客に、図30のように作ったカードを見せて、

「あなたが手土産に菓子を買うことにしてください。あなたは4つの店の前で何を買おうか考えます。まず、1つ好きな菓子を心に決めます。決めたら、決めたと言ってください」と言う。

「決めました」

「その菓子は4つの店のうち、どの店で売っていますか。のれんをよく見て、全部言ってください」

「青柳と栄太楼です」

「では、その菓子は栗ようかんです」

「え、何故わかるんですか」と、客は驚く。

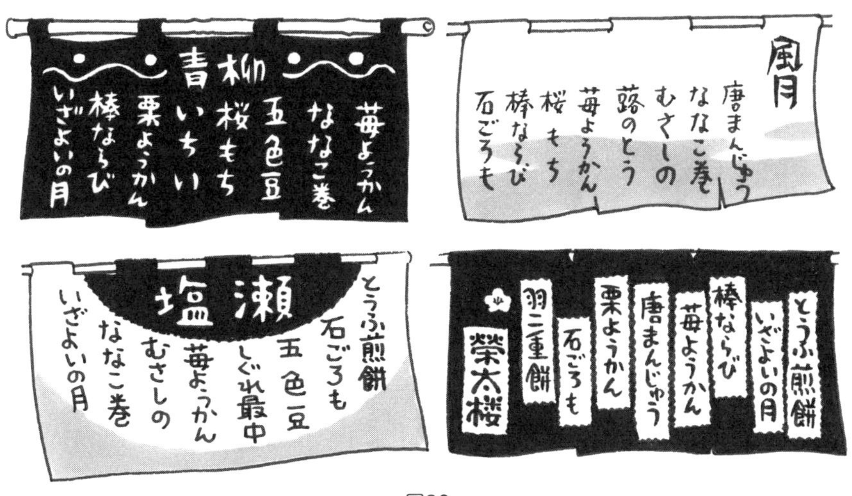

図30

準備と種明かし

まず、菓子屋は青柳(あおやぎ)、風月(ふうげつ)、塩瀬(しおぜ)、栄太楼(えいたろう)の4軒で、これを青柳を1、風月を2、塩瀬を4、栄太楼を8と覚える。観客が菓子のある店を言ったら、その店の数を合計する。例では青柳が1、栄太郎が8なので合計9である。そこで次に掲げた菓子と数字の対応関係を記憶しておいて、その菓子を言えばよい。

1　いちい
2　蕗(ふき)のとう
3　桜もち
4　しぐれ最中
5　五色豆
6　むさしの
7　ななこ巻き
8　羽二重(はぶたえ)餅
9　栗ようかん
10　唐まんじゅう
11　棒ならび
12　とうふ煎餅
13　いざよいの月
14　石ごろも
15　苺ようかん

すべて下線のように語呂合わせをしてあるので、初めひと通り見ておけば思い出すのに大した努力はいらない。例えば青柳、塩瀬、栄太楼にあれば、1+4+8で13であるから、いざよいの月、と当てればよいのである。

誕生日おめでとう

誕生パーティーに出た演技者は集まった観客の前で言う。
「Aさん、誕生日おめでとう。私からのお祝いの気持ちに簡単なマジックをやりたいと思います」
演技者は手に持ったカードをテーブルの上に裏向けに並べる。そして、誕生日を迎えた本人に、
「どれか1枚を取って、裏のまま私にください」と言う。
演技者はこのカードを表を返さずに受け取り、次に観客にそれと同じ縦列、横

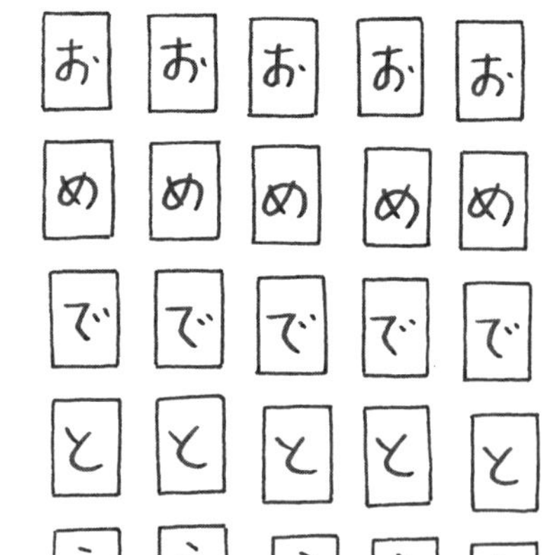

図31

行にあるカードを8枚取り去って裏返しのまま横に置くように言う。同様の操作をさらに3回繰り返す。取り去る枚数は順次6、4、2枚と減っていくわけである。残った1枚のカードをすでに選び出されたカードと一緒にして、表を返し、順に並べると「おめでとう」になる。

準備と種明かし

初めに、「お・め・で・と・う」の各カードを5枚ずつ作り、演技者以外にはわからないようにして、その文字が下になるようにして図31のように5×5の方陣形に配列する。そうすれば、相手の選び出したカードには「お・め・で・と・う」の文字が1枚ずつ入っているわけである。相手が選ぶたびに、演技者はそれがどの文字であるかがわかるから、カードを置くときにさりげなくその順になるようにする。そうすれば最後に5枚を表に向けて「おめでとう」とすることができる。

⑩ いろいろな道具を使って

ドミノ

ドミノはダイスの遊びから転化したもので、長方形で28個のマージャンのような牌(はい)からなり、その表面には2個1組のダイスの目が刻んである。各牌は図32のように何も書いていない0と0、1と0、1と1……のように6と6の牌まである。これは市販のものを買わなくても、白い厚紙で簡単に作ることができる。

0はブランクと言い、これ以外は1から6までのそれぞれの数字でその目を呼ぶ。同じ目が重なったものをダブレットと言う。

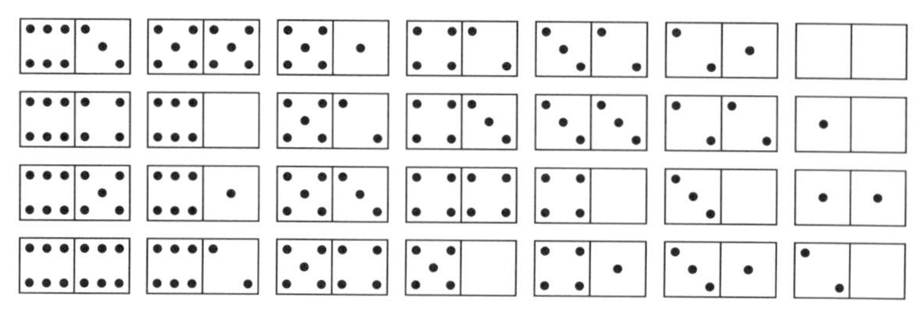

図32

a. 鎖の切れ目

演技者は観客に
「私は、これからこの紙に予言を書きます」と言って、1枚の紙片に予言を書いて、折り畳む。

それから演技者は観客にドミノ牌を混ぜさせて、数字合わせのドミノ遊びと同じように、同じ目と目が並ぶように合わせていって、全体で1つの連鎖を作るように言う。

観客の連鎖が完成したら、演技者はその両端の2つの点数を調べる。ここで先の紙片を開くと、そこには、両端にあった2つの点数が書かれているのである。

演技者はもう一度別な予言を書くが、2回目も当たってしまう。

準備と種明かし

事前に、演技者はドミノ牌のセットが完全に28枚そろっているかどうかを確かめる。そして演技者は、客に気付かれないように1枚の牌を見てからそれを隠す。28枚のドミノ牌には全部で56の面があり、どの目（1～6まである）も8面ずつある。したがって完全な1組の牌は循環した連鎖を作るはずであるから、なくなった牌が連鎖の両端の点数になるのは当然のことなのである。

このトリックを再度する場合には、観客に気付かれないように、隠していた牌を返し、別の牌を隠さなければならないので、できれば演技者と観客の間にテーブルがあった方がうまくいく。なお、1・2回目とも、隠しておく牌は違う2数を持つものでなければならない。

b. 12枚の列

演技者は12枚のドミノ牌を裏向きに1列に並べる。演技者が後ろを向いている間に観客は1枚から11枚までの何枚でもよいので一度に1枚ずつ、左の端から右の端へと移動する。終わったら、声をかけてもらう。演技者はすぐ1枚の牌の表を返す。この牌の面上の点数の合計が、観客の移動した枚数を表している。

このトリックは、引き続き何度でも繰り返せる。

準備と種明かし

12枚の牌の点数は、0－1、1－1、……、5－6、6－6というように、合計すると1から12までの各点数になるようにしておく。これらの牌を、合計1の牌を左端として、点数順に裏向きに1列に並べる。まず牌の移動の仕方を説明するために、演技者は例えば3枚の牌を左端から右端へ移動してみせる。これで左端は合計4の牌になったはずである。

演技者が後ろを向いている間に、観客が例えば5枚を左から右に移動する。これで左端は合計が9の牌になったはずであるが、演技者はこの数はわからない。

観客が声をかけて、演技者が前を向く。演技者は先程覚えておいた左端の数、この例では4だったので、右端から4枚目の牌の表を返す。「5」が現れるので、演技者は「5枚移しましたね」と言い切ることができる。

ソリティア

演技者は、相手に図33のようなゲーム盤を示す。これは盤の上に33の穴があり、中央を除いてそれぞれに木製のピンを立ててある。

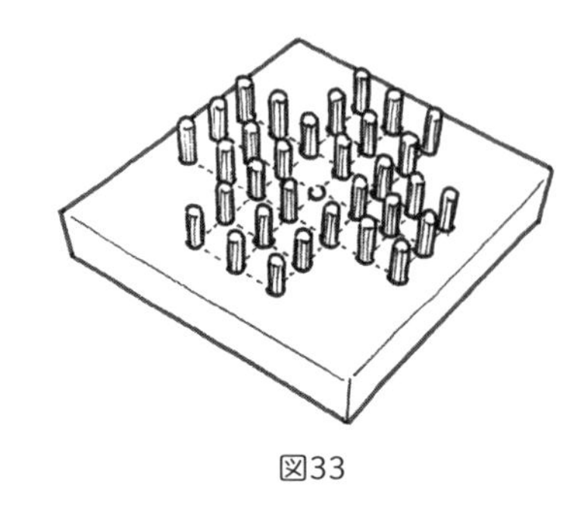

図33

「あなたはソリティアを知っていますか？

この遊びは非常に古く、もう200年以上の歴史があるそうです。ナポレオンがセント・ヘレナ島に流されたあと、あまりにもすることがなくて、この遊びをやったことが伝えられています」

「ルールはこうです。この盤の上のピンは、隣のピンを飛び越して、その隣の穴に移動するときに、間にあって飛び越されたピンを取り去らなければいけません。今、盤の上には32個のピンがあるので、31回うまくピンの飛び越しをすれば、最後に動いた1本だけを残すことができるのです。そして、それは盤の中央、つまり、今空いている穴ですね。そこに最後のピンを残せばゴールです。けれど、こんなことを言っても、ほとんどは途中で続かなくなってしまい、後に何本ものピンが残ることが多いのです。まあ、残りが7本以下なら、うまくやれたほうかもしれませんね。ひとつやってみませんか？」

相手は盤を受け取ってやってみる。何回かやったが、ピンは数本残ってしまい、1本だけ残すことはできない。演技者は、

「では、私がやってみましょう」と言って、ピンを次々と取っていく。最後の1本は、まさに盤の真ん中に残るのである。

準備と種明かし

これはマジックというより、パズルと考えてもよい。しかし、相手に正解がわかりにくく、しかも手順通りに行えば可能になることから、マジック的なゲームとも言える。

いくつかの正解があると言うが、ここでは、そのうちの1つを掲げる。

まず、盤を図34のように考えて、マス目に番号をつける。十の位は上端から数えた行数で、一の位は左端から数えた列数である。

はじめに44の位置が空いて、他の32箇所にピンが立っている。実際にはこの玩具を買い求めなくても、白紙に線を引いて、一円玉を並べてもよいだろう。

さて、42にあるピンは43のピンを飛び越して44に移り、そのとき飛び越された43を除くのであるが、これを42→44と表すことにしよう。

		13	14	15		
		23	24	25		
31	32	33	34	35	36	37
41	42	43	44	45	46	47
51	52	53	54	55	56	57
		63	64	65		
		73	74	75		

図34

解答の一例は次のとおりである。

64→44、 56→54、 75→55、 45→65、 73→75、 75→55、 25→45、
37→35、 34→36、 57→37、 37→35、 32→34、 13→33、 43→23、
15→13、 13→33、 63→43、 51→53、 54→52、 31→51、 51→53、
34→54、 54→56、 56→36、 36→34、 33→35、 45→25、 25→23、
53→33、 23→43、 42→44

上記のようにピンの飛び越しを続ければ、最後には中央にピンを1本を残すことができる。

紙幣

観客に1枚の紙幣を出させ、演技者からはその番号が見えないように持ってもらう。演技者は「紙幣には、アルファベットの記号にはさまれて、6桁の番号がついています。その最初の数字と2番目の数字の合計を言ってください」と言う。

観客が、例えば「11です」と言ったとしよう。以下も観客の答えは例である。

「次に2番目の数字と3番目の数字の合計を言ってください」

「また11です」
「3番目の数字と4番目の数字の合計を言ってください」
「9です」
「4番目の数字と5番目の数字の合計を言ってください」
「10です」
「5番目の数字と最後の数字の合計を言ってください」
「8です」

演技者は、「もう1つお願いします。最後の数字と2番目の数字の合計はいくつですか」と言う。

観客が「12です」と言ったとする。

これらの数字を聞くたびに、演技者はそれらを紙の上に書きとめる。終わって少しの計算のあと、演技者は「もとの紙幣の番号は、383644ですね」というように当てることができるのである。

準備と種明かし

演技者は、観客から2数ずつの各合計を聞いたら、これらを紙の上に、左、右、左、右、左に記していく。ここで最後に聞いた2数の合計を右下に書くと、図35のようになる。

ここで右側の合計を出す。すると33となる。次に左の3数のうち、2段目と3段目を加えてこれを先程の33から引くと、33－(9＋8)＝16　となる。この数の半分の8がもとの紙幣番号の第2番目の数字である。これであとの数字は簡単に求まる。

図35

最初の合計数の11からこの8を引けば、紙幣番号の第1の数字が得られる。第2の合計数から第2番目の数字を引けば、もとの第3番目の数字が得られる。以下同様に、第3の合計数から第3番目の数字を引けば、もとの第4番目の数字が得られ、第4の合計数から第4番目の数字を引けば、もとの第5番目の数字が得られ、第5の合計数から第5番目の数字を引けば、もとの第6番目の数字が得られる。

この方法は、例えば米国のドル紙幣（8桁）のように、紙幣番号が偶数桁の場合に上述と同じ方法で応用できる。

マッチ棒

a. 奇妙な算数

演技者は観客に言う。

「学校の算数の時間には、まず必ず問題がわかっていて、それから答えを出すわけです。しかし、ここでは、問題がわからないのに、先に正しい答えが出る方法があるのです。ひとつやってみましょう」

観客は承知する。

「では見てください。ここにマッチ棒がたくさんありますね。私が後ろを向いている間に、このマッチ棒で3つの山を作ってください。その3つの山のマッチ棒の数は全部同じにして、ひと山は5本以上にしてください」

「さて、これから、あなたに、何本かのマッチ棒を、その山から取ったり、加えたりしていただきます。それが済んだら、私はどの山についても最初に何本あったのか知りませんが、真ん中の山に何本あるかを当ててみましょう」

「では、両側の山から3本ずつ取って、それを真ん中の山に積んでください」

「次に、左側の山に残っているマッチ棒の数を数えて、それと同じだけの本数を真ん中の山から取って、それを右側の山に積んでください」（＊）

「次に、4本のマッチ棒を右の山から、真ん中の山に移してください」

「次に、真ん中の山から、左右どちらかの山に3本移してください」

「そうですね。この辺りで当ててみましょう。今、真ん中の山にはマッチ棒が10本あります」

観客が数えると、確かに10本あるので驚く。

準備と種明かし

実は演技のうち＊印の所まで進めてくると、最初にあったマッチ棒が何本だとしても真ん中の山は必ず9本になっている。だから、ここで答えとして9本と発表することもできるが、ここでは中央の山に多少のマッチ棒を加えたり取り去ったりして、最終的な答えを演技者の好きな数にしたほうがよいだろう。そうすればこのマジックは何回か続けてすることもできる。

b. 干支(えと)当て

演技者は言う。

「私は、マッチ棒を使って人の干支を当てられます。やってみましょうか？」

演技者はマッチ棒を12本、横1列に並べる。そして後ろを向いて、観客に言う。

「まず左の端から、マッチ棒を指差しながら、年齢の数だけ進んでください。12で右端まで行きますから、そしたらまた左端に戻り、あなたの年齢の数になるまで繰り返し数えてください。年齢は満でよいです。数え終わったところのマッチ棒を覚えておいてください」

観客は数え終わる。

「終わりました」

「では、その数え終わりのマッチ棒の右には何本残っていますか」

相手が例えば「9本ですね」と言ったとする。

「ところで、今年のあなたの誕生日はもう終わりましたか」

「いや、これからです」

「では、あなたの干支は『さる』ですね」

「え！　当たりです」

準備と種明かし

これは、まず今年の干支を確かめておくことが必要である。たとえば現在の干支を「子（ねずみ）」としよう。

相手の誕生日がこれからの場合は残った本数を、誕生日がもう終わった場合は残った本数に1を足した数を、今年の干支から順に数えれば当たるのである。

たとえば、誕生日がまだ来ていない39歳の人の場合をやってみよう。マッチ棒を3回数えて36、3回目の3本目で終わりなので9本残ることになる。現在の干支は「子」だから、子からかぞえ始めれば9番目は「申（さる）」で、相手は申年生まれということになる。

C. 消える三角形

演技者はマッチ棒15本を使って図36のような形を作る。そして観客に言う。

「ここにマッチ棒で三角形が5個できています。マッチ棒を3本だけ動かして、この三角形を1つ残らずなくすことができますか」

観客はいろいろ考えるが、わからない。そこで演技者は

「では、私がやってみせましょう」

と言って、マッチ棒3本を動かす。

観客は「あ、そうか！」と納得する。

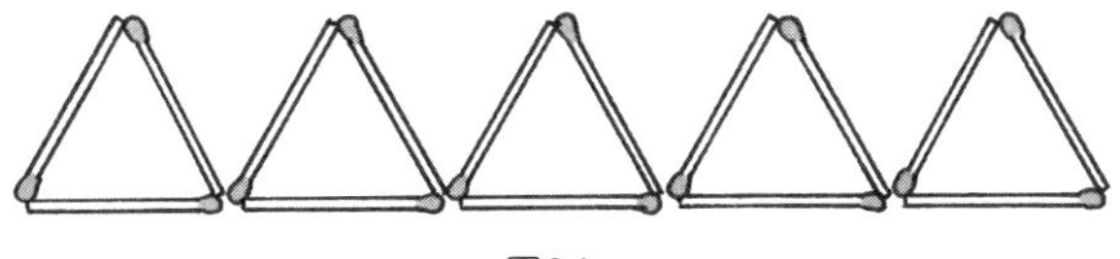

図36

準備と種明かし

これは図37の通りに、中央の三角形を作っていた3本のマッチ棒を「－」

と「＝」の記号の位置に動かせばよい。

つまり、「三角形2個－三角形2個＝0」となって、三角形の数を0にすることができたわけである。

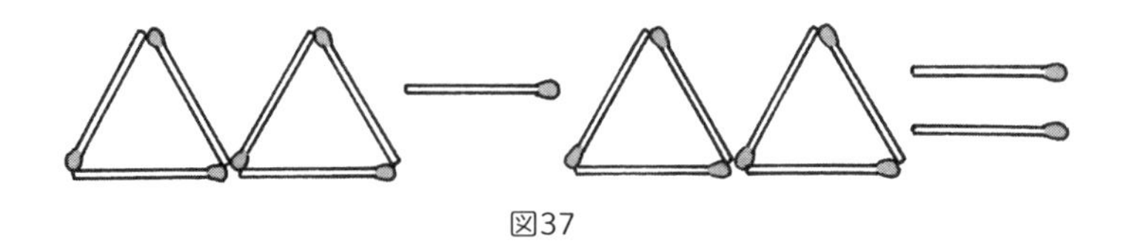

図37

硬貨

硬貨で表せる数は3種類ある。まず硬貨の枚数による整数である。次に、硬貨に表示されている価格の数である。そして、表と裏の区別による2つの数、例えば0と1である。これらの性質を利用して数のマジックができる。

a. 6の字トリック

20枚程度の硬貨をテーブルの上に置き、図38のように数字の6の形に並べる。演技者が背を向けている間に、観客に12以上の数を考えて決めてもらう。

6の字の頭の硬貨から、6を反時計回りに、観客の思った数になるまで数えてもらう。

次に、今数え終わったばかりの硬貨を1番として、2、3、4……と、今度は6の字の円になっている部分だけを時計回りに数えてもらう。数え終わった最後の硬貨の下に小さな紙片を隠させる。ここで演技者は向

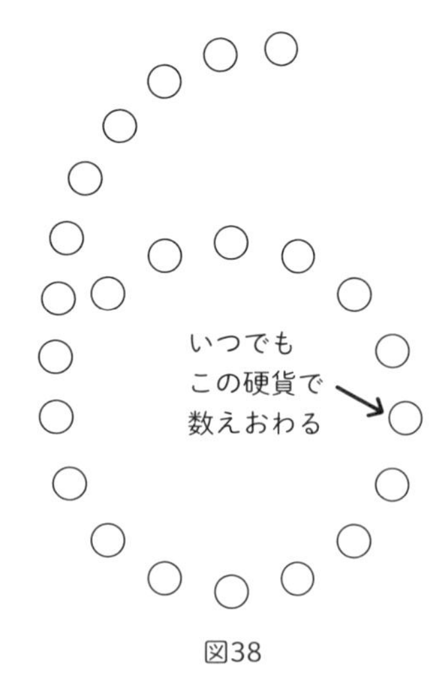

図38

き直って、1枚の硬貨を持ち上げる。
すると、その下に観客が置いた紙片がある。

準備と種明かし

小さな紙片は1cm角ぐらいであまり厚くないものがよいだろう。

ところで、このマジックでは、観客がどんな数字を選んでも、観客が数え終わるのはいつでも同じ硬貨になる。まず演技者はどんな数でもよいから心で選んで、実際に数えていけば、それがどの硬貨かがわかる。このトリックを繰り返すには、2回目には、6の先に1〜2枚の硬貨をつけ足してから、別の硬貨で数え終わるようにすればよい。

b. 表か裏か

演技者はテーブルの上にひとつかみの10円玉を置いて言う。

「よく10円玉の裏表を間違えている人がいますが、平等院鳳凰堂のある方が表で、大きい10の字と発行年のある方が裏ですね。さて、ここに10円玉をいくつか置きました。私が後ろを向いている間に、好きなものを取り上げて引っくり返してください。そして1枚返すたびに『はい』と言ってください。同じものを何度引っくり返しても結構です。終わったらどれかの10円玉の上を手で覆ってください」と頼む。

観客は言われた通りにする。

「はい、終わりました」

演技者は向き直り、覆われた硬貨が表向きか裏向きかを正しく当てる。

準備と種明かし

演技者は後ろを向く前に、あらかじめ表向きの硬貨の数が奇数か偶数かを確かめておく。観客が「はい」と言うたびに1、0、1、0、1、0……と心で言っていく。最後の「はい」を言い終わったときに数字が1なら、表向きの硬貨の数は初めの奇数・偶数と逆になる。また、数字が0なら、奇数・偶数は初めと同じである。したがって、見えている硬貨のうち表の数を確かめてから、覆われた硬貨の表裏を正しく当てられるというわけである。

C. 小銭トリック

演技者は小銭の入った10枚の封筒を用意して観客に言う。
「相手に代金を払うときには、だれでも直接現金を見ながら確認して払うものですね。そうしなければ、大抵の場合、いくら払ったかわかりませんから。けれど私は、1000円までの金額なら、小銭を見ないで、ちょうどその金額になるようにあなたに払うことができます」
観客は、「本当ですか？」と半信半疑である。
演技者は「では、やってみましょう」と、10枚の封筒をテーブルの上に置いて、
「いくらをあなたにお渡ししましょうか？」と言う。
「763円ください」
演技者は数枚の封筒を観客に渡す。受け取った観客は封筒を逆さにして、中の硬貨をテーブルの上に落とす。数えてみると、なんと763円ちょうどある。

準備と種明かし

演技者は10枚の封筒に、それぞれの中の硬貨が512円、256円、128円、64円、32円、16円、8円、4円、2円、1円となるように、なるべく枚数を少なくして入れておく。つまり第1の封筒には、500円玉を1枚、10円を1枚、1円を2枚入れ、以下そのようにして演技者だけがわかるように準備し、テーブルの上に左が金額が大きい方になるように順に置く。
観客が希望の金額を言ったら、それを2進法で考える。どの封筒を取るかは2^9から始めて、残りに含まれる最も大きい2の累乗を順に引き去っていくことで求められる。例えば763の場合、次のようになる。

$$763 = 512 + 128 + 64 + 32 + 16 + 8 + 2 + 1$$
$$= 2^9 + 2^7 + 2^6 + 2^5 + 2^4 + 2^3 + 2^1 + 2^0$$

実際には、「763円」と観客が言ったら、まず最も左の封筒を取る。これは512円入りなので暗算で残りが251円あることがわかる。したがって次の256円入りの封筒は飛ばして、128円入りを取る。以下このようにして、左から1、3、4、5、6、7、9、10番目の封筒を手にすれば、中は見なくても763円あることになる。

これは2の累乗を使うので、実際には1023円までを全部1円刻みで当てることもできるが、「1023円までの金額」という言い方をすると、数字好きの人には、中にそれぞれ2の累乗の金額が入っていることの見当がついてしまうので、上限を1000円とするのである。しかし引き算がわずらわしい場合には、それぞれの中の硬貨を、初めの3袋だけ変えて、500円、250円、125円、64円、32円、16円、8円、4円、2円、1円となるようにした方が暗算をしやすいことは言うまでもない。

ものさし・定規

a. 測れないところを測る

演技者の前に段ボールの箱と50cmの物差しがある。箱の中には品物がぎっしり詰まっている。

演技者は観客に言う。

「この荷物を宅配便で送るときは、送り先の地区と、縦・横・高さを足した長さと重さで料金が決まるんですが、3辺を足すより対角線の長さなんかを使うのもひとつの考え方でしょうね……ところで、この段ボール箱の対角線の長さは物差しで測れるものでしょうか」

観客が「そんなの簡単でしょう。ここにあてて……」と物差しを側面にあてる。

演技者は「それは横の面の対角線ですね。私が言うのは、例えば上のこの隅から、下のちょうど裏側にあたるこの隅まで、つまり向かい合った頂点の間の長さのことですよ」

観客は「そんなの、中が一杯なんだから、測れっこないだろう」と言う。

演技者は「すぐ測れますよ」と言って測ってしまった。

あなたならこの寸法をどうやって測り取るか。

準備と種明かし

図39のように、段ボール箱を壁に押しあて、箱の壁側の隅に物差しを立て、その高さの2倍の位置に印をつける。そこから上面の手前反対側の隅までの長さを測ればよい。パズル的マジックである。

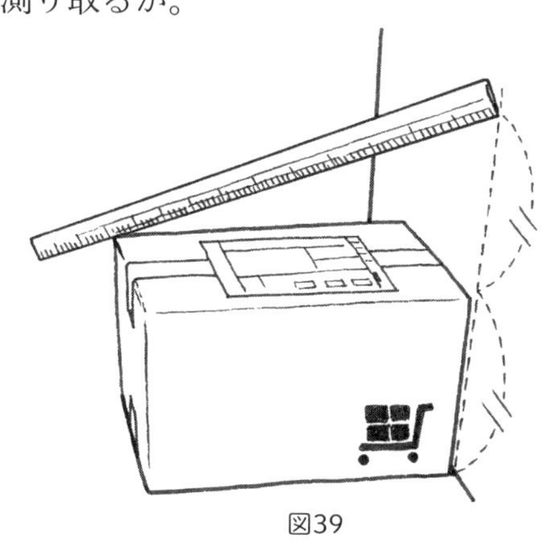

図39

b. 定規で曜日を当てる

演技者は友達に言う。

「曜日って、なかなか覚えられないものだよね。それに数年はなれた日付の曜日なんて、全然わからない。けれど、ぼくは、不思議な図表を作ったんだよ」

友達は、「いったいどんな図表なの」と聞く。

演技者は図40のような表を出して友達に見せて言う。

「これは曜日当ての表だよ。計算図表の一種で、これを使うのにには定規がいるが、やってみよう。2000年から2023年までの中で、好きな年月日を言ってみて。定規をあてるとその曜日がわかるんだ」

「そんな表があるの。聞いたことないね。じゃあ、2015年1月1日は何曜日なの？」

演技者は定規をあてて線を引いていたが、間もなく「月曜日だね」と言う。

友達はカレンダーを見て、当たっているので驚く。

準備と種明かし

このマジックには図40の表と、定規がいる。

まず、曜日を調べたい年の横にある点と、調べたい月の横にある点を結び、図41のようにパイロット欄のどの点を通過するかを見る。表の上で年や月が数か所重複して出ているが、なるべく中央寄りの数字を選ぶとやりやすい。うるう年の1・2月は下に線が引いてある方の点を使う。

上の場合、2015年と1月をつなぐ線は「ニ」の点を通過する。次に調べたい日の横にある点と、今決まったパイロット文字「ニ」の横の点をつないで、それを曜日欄まで延長する（図41）。すると、木曜の横の点の上を通過する。これで求める2015年1月1日は木曜日であることがわかるわけである。

西暦年			曜日	パイロット	日		月
2023	2017	2012	木	ア イ	1, 8, 15	22, 29	6
2022	2016	2011	水	ウ エ	2, 9, 16	23, 30	2, 3, 11
2021	2016	2010	火	オ カ	3, 10, 17	24, 31	8
2020	2015	2009	月	キ ク	4, 11, 18	25	5
2020	2014	2008	日	ケ コ	5, 12, 19	26	1, 10
2019	2013	2008	土	サ シ	6, 13, 20	27	4, 7
2018	2012	2007	金	ス セ	7, 14, 21	28	9, 12
2017	2012	2006	木	ソ タ	1, 8, 22	22, 29	6
2016	2011	2005	水	チ ツ	2, 9, 23	23, 30	2, 3, 11
2016	2010	2004	火	テ ト	3, 10, 24	24, 31	8
2015	2009	2004	月	ナ ニ	4, 11, 25	25	5
2014	2008	2003	日	ヌ ネ	5, 12, 26	26	1, 10
2013	2008	2002	土	ノ ハ	6, 13, 27	27	4, 7
2012	2007	2001	金	ヒ フ	7, 14, 28	28	9, 12
2012	2006	2000	木	ヘ	1, 8, 15	22, 29	6

図40

なお、このマジックは定規の代わりに細ひもをぴんと張ってもできる。

西暦年			曜日	パイロット	日		月
2023	2017	2012	木	ア イ	1, 8, 15	22, 29	6
2022	2016	2011	水	ウ エ	2, 9, 16	23, 30	2, 3, 11
2021	2016	2010	火	オ カ	3, 10, 17	24, 31	8
2020	2015	2009	月	キ ク	4, 11, 18	25	5
2020	2014	2008	日	ケ コ	5, 12, 19	26	1, 10
2019	2013	2008	土	サ シ	6, 13, 20	27	4, 7
2018	2012	2007	金	ス セ	7, 14, 21	28	9, 12
2017	2012	2006	木	ソ タ	1, 8, 22	22, 29	6
2016	2011	2005	水	チ ツ	2, 9, 23	23, 30	2, 3, 11
2016	2010	2004	火	テ ト	3, 10, 24	24, 31	8
2015	2009	2004	月	ナ ニ	4, 11, 25	25	5
2014	2008	2003	日	ヌ ネ	5, 12, 26	26	1, 10
2013	2008	2002	土	ノ ハ	6, 13, 27	27	4, 7
2012	2007	2001	金	ヒ フ	7, 14, 28	28	9, 12
2012	2006	2000	木	ヘ	1, 8, 15	22, 29	6

求める曜日

図41

新聞

a. 手の動きで、写し取った数字を当てる

演技者は、雑談している相手に言う。

「私は近頃、人が字を書くときのひじの動きなどから、何という数字を書いたかを読み取れるようになったんです。例えば、この辺に新聞が置いてないかなあ。あ、あそこにありますね。何新聞でもいいです。ちょっと持ってきてください」

相手は新聞を持ってくる。

「ふつう、新聞には上の方に号数が書いてあります。その新聞をテーブル

の上に立てて持って、号数のところが私に見えないようにしてください」
　演技者は手帳にはさんである紙と筆記具を渡し、
「その新聞には、上の方に号数が書いてありますか……ありますね。では、その新聞のかげで、紙に号数の5桁の数字を写してください。そのとき、書いている手の肘を、ほんの少し見えるようにしてください」と言う。
　相手は紙に数字を書く。
「肘の動きから見ると、あなたは42728と書きましたね」と言う。
　当たっている。

準備と種明かし

　適当な日の朝、別なところで主要新聞の号数を手帳に写し取り、そこにメモ用紙をはさむ。雑談の前に、近くに調べておいた主要新聞（A紙、Y紙、M紙）のどれかがあることを確かめる。
　紙を渡す時に、手帳の開いたところにある号数を読んで覚えておく。そして、調べた日からの日数を加え、新聞休刊日の回数を引く。あとは、いかにも肘の動きを読み取ったように数字を言えばよいだけである。
　もし、手帳の日付欄に年始からの通日が入れてある場合は、前年の大みそかの新聞の号数をメモしておき、休刊日の回数を引いても、正しく計算できる。

b. 新聞の号数の差を当てる

　演技者は、新聞の記事について雑談している。
「そういえば、私はこのごろ、ひとの目の小さな動きを読み取ることができるようになったんですよ。少し時間がかかるんですが、やってみましょう」
　演技者は、ロビーの片隅にある新聞綴りを指差して、
「すみませんが、新聞綴りを2つ持ってきてください」と言う。
　相手が全国紙の綴りを2つ持ってくると、演技者は相手に電卓を渡し、少

し離れたところに腰掛けて、「新聞の上に号数が書いてありますから、2つの新聞のうち号数の大きい方から、小さい方を引いてください。結果が出たら、その数字を声に出さず、目で2回読んでください」と言う。

相手はそうする。

「ああ、あなたが読んだ数字は3517ですね」

「あれ、よくわかりましたね」

準備と種明かし

これは、各紙の号数の差を記憶しておいて行うマジックである。大新聞の休刊日はだいたい同じなので、各紙の号数の差（例えばＭ紙の号数－Ａ紙の号数）はどの日も一定で、どの日にやっても同じような答えになる。

この答えの数は覚えておけるが、覚えられない場合は手のひらの裏にサインペンなどで書いておいて読み取ってもよい。なお、新聞社の事情によってこの数字が変わることもある。

C. 言わなかった数字を当てる

演技者は、話し相手に、ふと言う。

「ひとつ、数字当てをしてみましょう。その辺にある新聞を1つ、手にとってください」

相手は手元に新聞を引き寄せる。

「新聞にはラジオ欄がありますが、そのページを開いてください」

相手がラジオ欄のページを開く。

「多分、その新聞には、一番上にAMのラジオ局が並んで出ていますね」

「ああ、出ていますね」

「その局名のわきに、周波数が3桁か4桁の数字で出ていますね」

「はい」

「どの周波数でもいいですから、1つ選んでください」

「選びました」

「その、3桁か4桁の周波数の数字のうち、0でない1つの数字を○で囲んでください」
「囲みました」
「その周波数の残りの数字を、どんな順でもいいので読み上げてください」
「9、3」
「では、あなたが○で囲んだ数字は6ですね」
「あれ、どうしてわかったのかな」

準備と種明かし

相手が言った残りの数字を加えて、9または18から引く。この場合は合計は9より大なので18から引いて6となる。合計が9未満なら9から引く。

この理由は、日本のAMラジオ放送の周波数は、すべて9の倍数になっていることによる。9の倍数では、その各桁の数字の和は必ず9の倍数になるからである。

碁石

碁を打ち終わったあとで、演技者が言う。
「この碁石を同じ数ずつ取り去っていくと、最後に余りができますね。私は、3回やった余りを聞くと、その数を当てられます。ちょっとやってみましょうか」
「ええ。やって見せてください」
「では、私は庭を眺めていますから、碁盤の上に適当な数の碁石を置いてください」
「置きましたよ」
「はじめは碁石を3個ずつ取っていって、最後に余りだけ教えてください」
「はい……1個余りました」
「次は5個ずつでやってください」

「はい……4個ですね」
「最後に7個ずつ取ってください」
「ええと……6個の余りですね」
「では、あなたが置いた石の数は34個です」
「ふーん。数えてみよう……なるほど34個だ」

準備と種明かし

これは、3で割った余りを70倍し、5で割った余りを21倍し、7で割った余りを15倍して加え、それから105を引けるだけ引けば答えとなる。

この例では

$1\times70+4\times21+6\times15=70+84+90=244$　となるから、

$244-105-105=34$　となって、相手が考えた数が求められる。

なお、この数当ては東洋の文献に見られる「百五減算」と言われたもので、古くは唐の李淳風が注釈している『孫子算経』に出ているから、唐代以前に成立したものだろう。この書は奈良朝のころに日本に輸入された証拠があり、平安時代にも上流階級で行われた。

『孫子算経』の原文で「今有物、不知其数、三三数之……問物幾何」となっている部分を現代の日本語にすると、「今、物がある。その数はわからない。3つずつこれを数えていくと2つ余る。5つずつこれを数えていくと3つ余る。7つずつこれを数えていくと2つ余る。この物の数はいくつであろうか」となっていて、原文では「答曰、二十三」としている。

さて、これは処理がやや面倒ではあるが、まさに数学マジックである。

日本では、1631年刊の『塵劫記』で碁石を使って次のようにマジック風に説明している。ここでの「半」は半端の数、つまり余りを指している。

百五げんといふさん

碁石或は八十六ある時に此八十六の数をしらずして此数何程あるぞと問う時に

先　七つづつひく時に残る半二つあるといふ

　又　五つづつひく時に残る半一つあるといふ
　又　三つづつひく時に残る半二つあるといふ
　此　半ばかりを聞ひて此数をいふなり
八十六あるといふ

地図

演技者は、観客に図42のような1枚のボードを示す。
「今は海外旅行にも気軽に行けますよね。最近どこかに行きましたか？」
「いや、別に。いそがしくって」
「ところで、ひとつ簡単なマジックをしましょう」
「どんなマジックですか？」
「あなたがヨーロッパ方面に旅行をするとして、ここに書かれた都市のうちなら、どこに行きたいかを1つ思ってください。そして私が、この板を

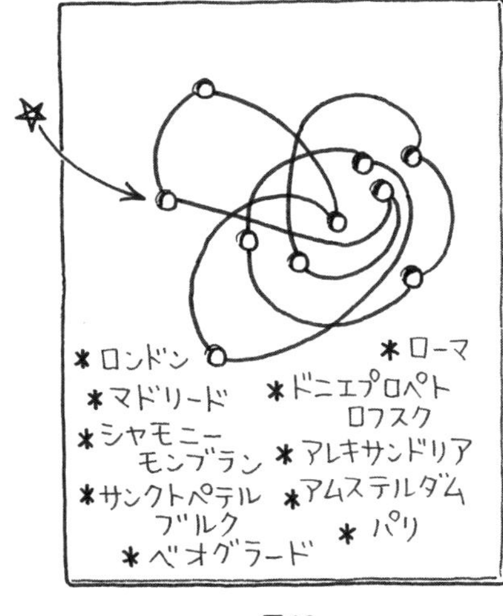

図42

図43

棒で順に打っていくのに合わせて、その心に思った都市の名前を1音ずつ心で言うのです。あなたが思った都市の名前を言い終わったら、すぐ『ストップ』と言ってください。私はそれを聞いたら表を向けます。もしかしたら、あなたの行きたい都市をうまく当てられそうな気がします」

相手は承知して、リストにある都市のうち1つを選び、心でその都市の名前を言っていく。ローマの「ー」のように伸ばす音は、1つの音として数える。例としてベオグラードだったとしよう。長音「ー」を1つの音としてベオグラアドのように読むと、これは6音である。

観客は演技者が6つ目に板を叩いたあとすぐ「ストップ」と言う。演技者はストップした位置の穴に棒を指しこむ。板の表を向けると棒の先は図43のようにベオグラードを指している。

準備と種明かし

これは初めにドニエプロペトロフスクの裏にあたる穴（図42の☆マークのところ）を指し、次に右にのびる線に沿って進み、あとは同じ向きに1つずつ進んでいけばよいのである。このマジックで出す都市の名前はパリ、ローマ、ロンドン、マドリード……と、2〜11音になるように作ってある。1音の都市はないので、代わりにドニエプロペトロフスクを指して、次からは順に1音ずつ増えるように都市を指していく。

方眼ノート

演技者は観客に方眼ノートを見せる。その一部が四角く囲ってあり、縦方向に16行、横方向に28列の格子ができている。

「ちょっと変わった予想をしてみましょう。この格子のどこかの隅から始めて、数えながら格子のマス目を斜めに進んでください。すぐへりにぶつかりますから、そこからはビリヤードの球のように反射した感じで、さらに進行します。またへりにぶつかったら、そこからまた反射して進行するのです。これを目で見ながらずっと進めていくと、その旅路の果ては、どこかの隅で終ります。さて、何マス進んだところで終わるでしょう」

観客は、「それは結局、縦と横の目の数に関係があるんですね」と言う。

「あります。けれど、どんな関係でしょう。とりあえず、この格子ではいくつ進めば終点まで行けるでしょう」

観客はちょっと考えて、

「112かなあ」

「どうしてですか」

「16を7倍、28を4倍するとそうなるからね」

「やってみてください。私が予言します。終点のところは136になりますよ」

2人は図44のようにマス目を、指を動かしながら進めていくと、136だけ進んだところで終わる。

「なるほど、あなたの言う通りだ。でも、どうして出せるんですか?」

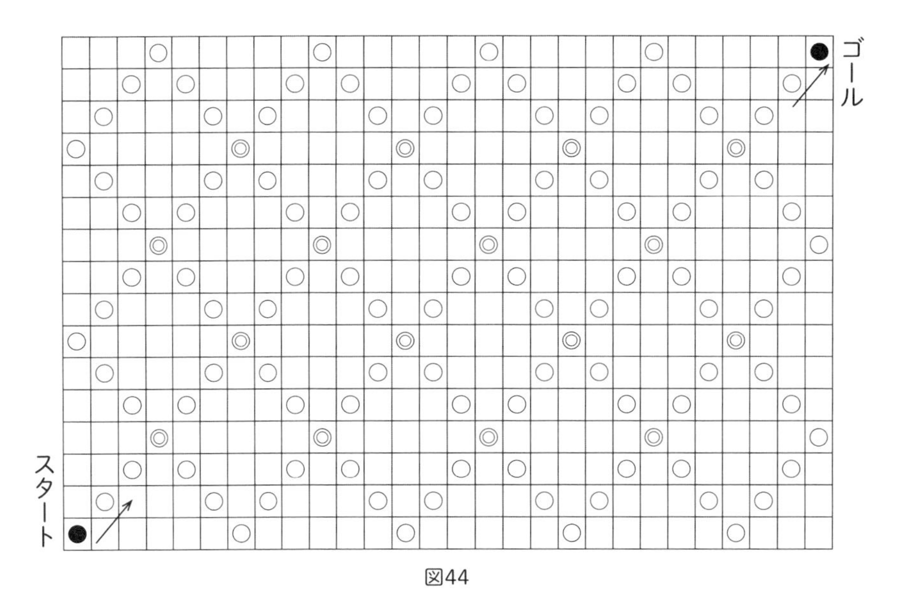

図44

準備と種明かし

このマジックの答えは、例の場合、縦16と横28の最小公倍数の112になるように思えるが、そうではない。縦のマス目－1（この例では15）と、横のマス目－1（この例では27）の最小公倍数を出して、それに1を加えるのである。15と27の最小公倍数は135である。これに1を加えて136が求める答えになる。

この原理を確かめるには、マス目の代わりに格子の交点を考え、そこを通る回数を調べればよい。

身近な物

a. 物当て（その1）

演技者は、テーブルの上に観客に向けてA、B、Cと書き込んだカードを横に並べる。そして3種の物（たとえば腕時計、名刺入れ、ライター）を、図45のように3枚のカードの前に置く。

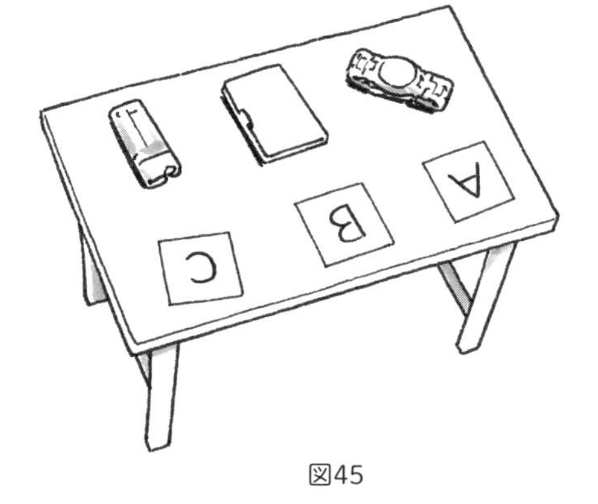

図45

演技者は観客に言う。

「これから物当てのマジックをします」

「私はこのあと、あなたに背を向けます。あなたは、このうち2つの物を持って位置を交換してください。そのとき、どことどこの物を交換したかを言ってください。つまり、AとBの物を交換するなら『AとB』のように言ってください。そしてそれを何回でも好きなだけ続けてください」

「それから、あなたが交換に飽きたら一休みして、どれか1つの物を心に思ってください。それからあなたは、心に思わない残りの2つの物を、今度はだまって交換してください。その後、あなたはまた先程と同じように、手あたり次第に位置を呼びながら交換してください。よろしいですか」
観客が承知する。演技者は後ろを向く。
「ではお願いします」
観客は、何度か物を動かし、そのつど交換した記号を告げる。
「終わりました」
演技者は観客の方を向く。
「あなたが心に思った物はライターですね」
このように観客が心に思った物を当てるのである。

準備と種明かし

演技者は背を向けている間に、右手の指を計算用に使って、その薬指にA、中指にB、人差指にCの名をつけておく。そして背を向ける前にAにある物の名前を覚えておく。例のように、3種の物が腕時計、名刺入れ、ライターであるとし、腕時計がAの位置にあったとする。演技者は親指をAつまり薬指の先に触らせておく。

観客が交換する記号を言うたびに、この接触させた親指を動かすのであるが、観客が言う最初の交換がAとCの間だった場合は、親指をCの人差指の先に動かす。しかし、交換がBとCの間で行われたときには、腕時計の位置に変化はないのだから、親指はAの薬指につけたまま動かさない。

途中、観客が秘密の交換をするのであるが、演技者はそれを無視して、前に引き続く追跡を続けていけばよい。

さて、全部の交換が終わったとき、親指はA、B、Cのどれかの指に接触している。たとえばBの中指に触れているとしよう。テーブル上のBの位置を見る。腕時計がこの位置にあれば、ただちに観客の思ったのは腕時計だったとわかる。腕時計の位置はこの手順の間じゅう親指の追跡とずれなかったからである。

親指の示す位置にほかの物があったら、残りの2つの位置にある物を見る。それは当然、腕時計ともうひとつの物である。腕時計でない方の物が、観客の思った物である。

ところで観客が演技者の指先の動きに注意を向けている気配があったときには、演技者は右手をポケットに入れて追跡を行えばよい。このマジックでは大して不自然には感じられないはずである。

b. 物当て（その2）

前述のトリックは、伏せたトランプのカード3枚を使って行うと別な効果をあげられる。1枚のカードの裏に、鉛筆での点とか、片隅のわずかな折り曲げのような、演技者だけがわかる印をつけておくのである。演技者は後ろを向いている間にこのマークのカードを指で追跡する。観客は心に1枚のカードを選んで覚えるところで初めてその表を覗いて見るわけであり、演技者本人は終始カードの表を見ないのにもかかわらず、向き直ったときにただちに観客の選んだカードの表を返すことができるのであるから、観客は驚くことが多い。

このトリックにはまた別の演出の仕方もある。演技者が背を向けている間に、観客に、図46のように3個の伏せたコーヒーカップの任意の1つに紙玉を隠してもらう。

まず、空の2つのカップの位置を演技者に知らせずに交換させる。あとは手当たり次第にカップをテーブルの上をすべらせて移動させ、そのたびごとに交換した位置を知らせるようにする。終わったら演技者は向き直って、1つのカップをすぐ持ち上げる。そこには紙玉があるというわけである。

これを行うには、どれか1つのカップに小さなキズか識別できるマークがあることを確認しておくことが必要である。そうすればこのカップも前述と同様の方法で追跡できる。

図46

II

図形が変わるマジック

① 消滅・出現

消える顔

演技者は図47のように、上下に分かれた2枚の紙を持って立つ。紙には帽子をかぶった6人の男が描かれている。絵を見せながら「帽子をかぶった6人の男がいます」と言い、うっかり下側の紙を床に落とすようにする。「あ」と言いながら、紙を拾い上げて、さっきと同じように上の紙にあてると、図48のように帽子を残して男が1人減って5人になっている。

図47

準備と種あかし

図47・48のような2枚の紙。下側の紙は輪をつくっており、男1人分だけずらせるようになっている。

下側の紙を落としたあと、拾いあげるときに、1人分だけずらして上の紙にあてればよい。6人が5人になったように見える。

図48

この原案は、アメリカのマーチン・ガードナー（Martin Gardner, 1914-2010）の著書に登場する。帽子の部分を除けば、基本的な原理は93ページの「縦線マジック」と同じである。人数が減る代わりに、それぞれの顔が少しずつ長くなっているが、それがイラストによって巧妙に隠されている。

タンブラーに変わる男

演技者は観客に言う。

「変化という言葉は、『変わる』と『化ける』です。この2つは似ていますが、根本的に違うことは、化けるは、何かがその姿をなくして、全く似ていないものになることです。さて、ここに私はちょっとした絵カードを持っています。これを動かすと男が消えてしまうのです」

図49

図50

演技者は図49のカードを見せ、「このカード3枚には、男が6人とタンブラー4個があります。ところで、このカードをこう動かすと……」

と言いながら、演技者はカードを移動して、図50のようにする。

「なんと、男は5人になり、タンブラーも5個になってしまいました」

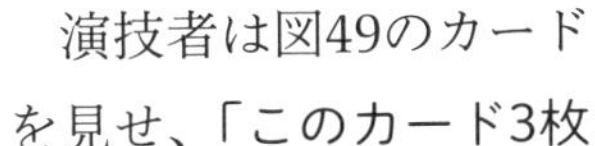

準備と種明かし

この原案は1956年にカナダ・ウィニペグのメル・ストーバー（Mel Stover, 1912-1999）が考案したものである。どの顔がなくなったのかと考えるのは無駄である。3人の顔が2つの部分に分かれて、各部が各人の顔の面積を若干広くするように再配列されたのである。

地球追い出しパズル

サム・ロイド（Sam Loyd, 1841-1911）はアメリカで最も有名なパズル作家である。彼の考案したパズルで有名なものに、1896年に作られた「地球追い出しパズル」（Get off the Earth）があるので紹介しよう。

これは彼の大傑作と言われ、彼の生存中に1000万部以上の説明書が売れたと伝えられているが、同じ図の置き方で1人の人物が消えてしまうというものである。

これは、パズルと言ってもマジックのうちの一つと言えるだろう。図51の状態では13人いた兵士が、円盤を右に1回転させてみると、1人が行方不明になってしまうのである（図52）。

初め13人の兵士が出ているとき、円盤は左下では2人の兵士が互いに向かい合っているのが見られるが、この両人は片足の一部がない。また右の3人の兵士はそれぞれ手が顔の一部分を隠している。この円盤を回すことにより、それぞれの兵士の分離部分が再び組み合わさると同時に、どの兵士の足や顔も完全な状態になる一方、1人の兵士が消滅するというわけである。

1933年にシカゴで開かれた大博覧会で、ロバート・リプレーは、彼のこ

図51　　図52

の図を大きな木板に複製して客寄せの道具にした。円盤を1回転するように見せながら、実はそうではなく、330度回転するのである。
　サム・ロイドのこのようなパズルには、1909年に制作された「テディとライオン」（Teddy and the Lion）などの傑作もある。

縦線マジック

　このマジックは初歩的なものであるが、かなり歴史は古いとされている。
　長方形の紙に、図53のように描かれた10本の縦線は等しい長さと間隔である。この紙を対角線上の点線に沿って切り離し、下側の紙を下方左に少しずらしてみる。
　長方形の中の縦線の数を数えると、図54のように今度は9本しかない。では、どの縦線が消えてしまったのか。それはどこに行ったのだろうか。
　この図を良く観察すると、10本のうち8本の縦線が2つの部分に分かれて、合計18本の断片が2本ずつ組み合わされ、それぞれ前よりやや長い9本の縦線を構成することがわかる。

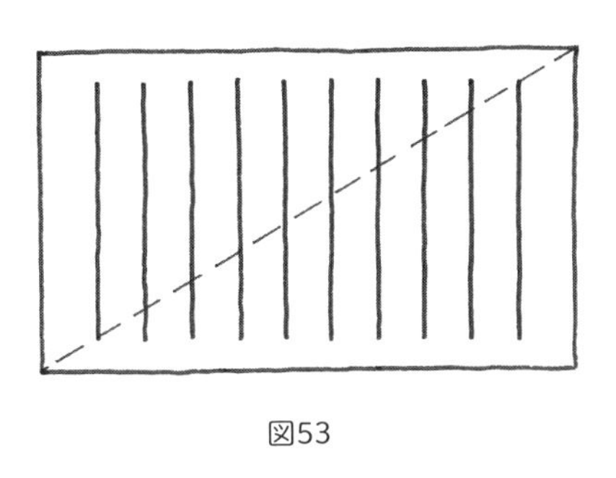
図53

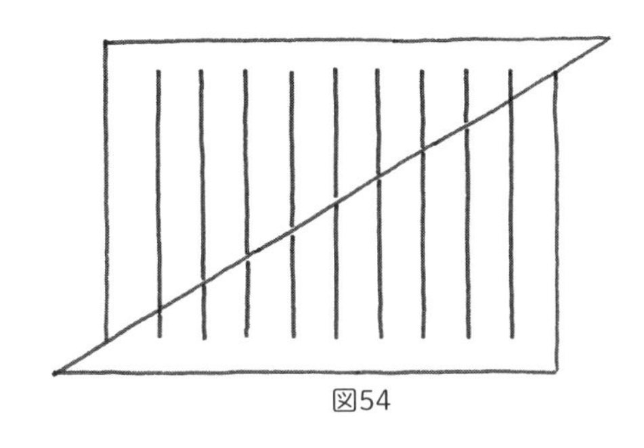
図54

正方形切断のマジック

　演技者は方眼の厚紙などで8×8の正方形をつくり、それを図55のようにカットしたものを用意する。この4つを図55のように並べておく。

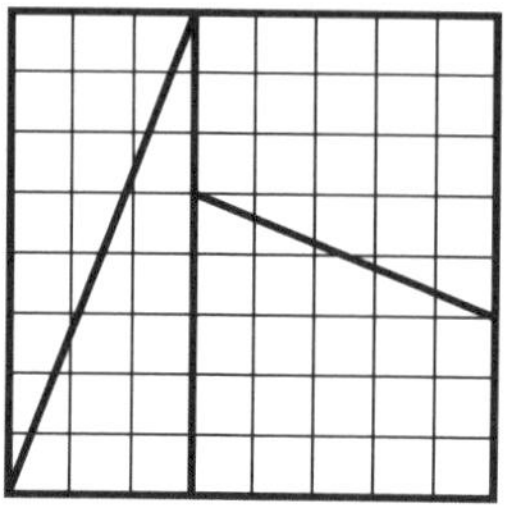

演技者は観客に、

「この4枚の板は、不思議な性質を持っています。ご覧の通り、この4枚で面積が8×8＝64の正方形を作っています。ところが、この4枚を次のように長方形に並べ変えてみると、どうなるでしょうか」と言い、図56のように配置を変える。

「どうでしょう。出来た長方形の面積は5×13＝65になり、いつの間にか正方形が1つふえてしまうのです！」

図55

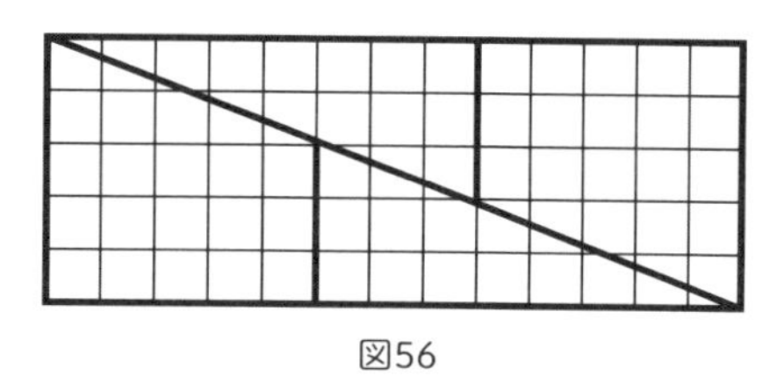

図56

準備と種明かし

実は正方形の板の方を正確に図55のように分割して、長方形に再構成すると、長方形の方の対角線は正確に作れず、2本の折れ線の組み合わせになるのである（図57）。

さらに、図58のように置くと面積が63になったように見えることが知られている。これも対角線に不正確な部分がある。

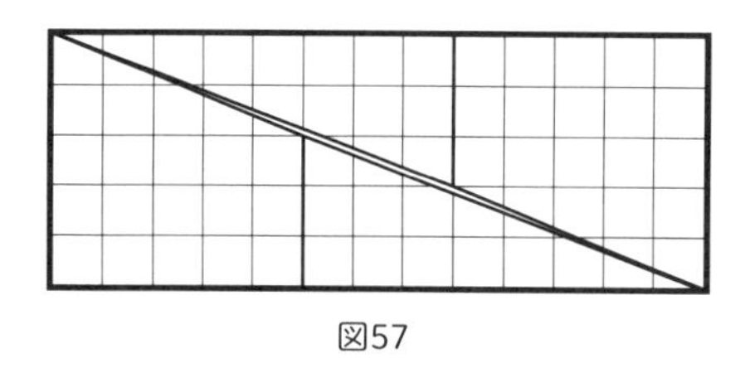

図57

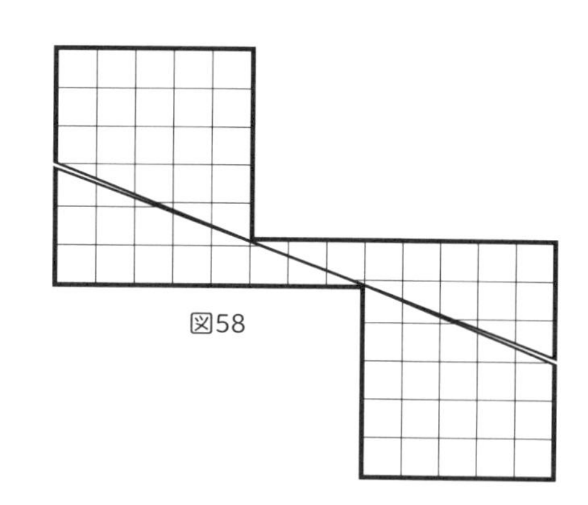

図58

卵に化けたウサギ

演技者は図59のように3枚の紙を観客の前に並べる。それには11匹のウサギが描かれている。

「動物園のふれあい動物コーナーなどで、ウサギに直接さわれるところがありますね。この11匹のウサギたちもそのコーナーにいたのですが、子供たちがさわりすぎたので嫌になった1匹は、何かに姿を変えて隠れてしまいたいと思ったようです」

と言って左側の2枚を取り去る。そして、図60のようにまた2枚を置いて、

「その1匹は、このコーナーから逃げ出したわけではないのに、うまく隠れてしまいました。今は10匹のウサギと1つの卵しかいませんね。人間もこんなふうに、好きなときに姿をかえられると良いですね」と言ってマジックを終わる。

図59

図60

準備と種明かし

図のような絵を描いた紙を用意する。

このパズルの原案はマーチン・ガードナーが1952年に発表したものである。まず、左側は小さい方を上、大きい方を下にして並べる。話が終わったところで、大きい方を上、小さい方を下にして見せれば、ウサギが10匹になり、卵が1つ残るというわけである。ウサギの鼻先と尾を合わせて卵型にし、残りの部分を10匹の体に少しずつ分ける仕組みになっている。

船底の穴ふさぎ

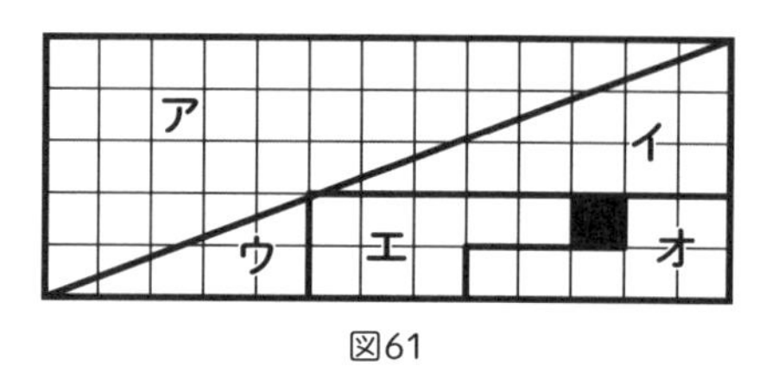

図61

演技者は図を示して言う。
「ある船の底に図のような長方形の部分があったそうです。ところがその船は、ある島のそばを航海中、海底の岩にあたって■の部分が破損してしまいました。乗組員は必死に近くの浅瀬に船を寄せて沈没はまぬがれました。そして船底の修理にかかりましたが、こわれた■の部分は捨てなければならず、材料が足りません。ところが知恵のある者がいて、船底を切り取って改めて組み合わせればちょうど穴をふさぐことができる、と言いました。あなたはそんなことが可能だと思いますか」

観客は「ちょっと難しいんじゃないかな」と言う。

演技者は、
「私は実は、その船員のした方法を知っているんです。やってみましょう」
と言って板を図62のように組み合わせる。

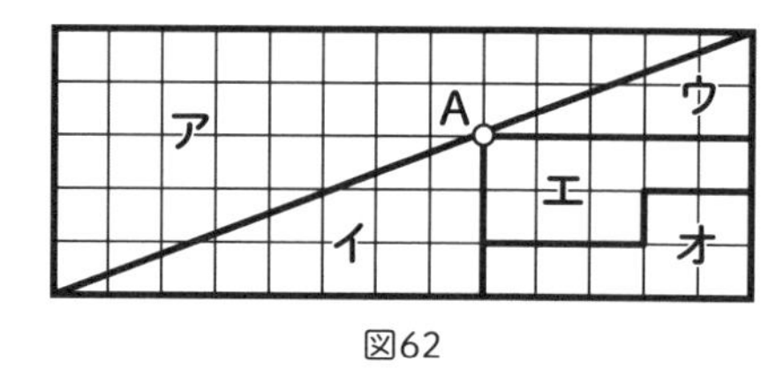

図62

「この仕方だと、1つの■を捨てても、残りだけで、同じ面積の船底を作れるのです」と言う。

観客は、足りなかった1つ分の正方形が、どうやって補われたのかわからない。

準備と種明かし

このマジックを創案したのは、ニューヨークのポール・カリー（Paul Curry, 1917-1986）である。彼は1953年に、ひとつの図形を切断して並べかえ、同じ図形を作って、その中に穴を作りだす見事なマジックを思いついたのだった。もちろん、逆に穴があったものをなくすことも可能であって、ここに紹介したものはそれである。

この例では、点Aを正確に右辺から5単位、底辺から3単位のところに取ると、Aを通る線は対角線と一致しない。しかし、歪みが極めて少ないので、ほとんど気付かれずにすむのである。

② 図形の変換

正三角形を正方形にする

演技者は、図63のように、4枚がつながっている板のA端を持って観客に示す。

「ジグソーパズルは、あるかたちを何枚もの板に切り分けたものですが、この板もある図形を切り離して作ったものです。その図形は、たしか正方形か正三角形でした。ところで、あなたは、どっちだったと思いますか」

（観客が例えば「正方形」と答えたとする）

「惜しいですねえ。正三角形でした」と言いながら、演技者は板の下端を持って、観客から見て左に回すと、正三角形ができる。

「でも、せっかく正方形と言ったので、私も何か工夫をしてみましょう」

と言い、演技者は板を卓上に置いてからまた持ち上げ、下端を持って同じように回す。すると、今度は正方形になってしまう。

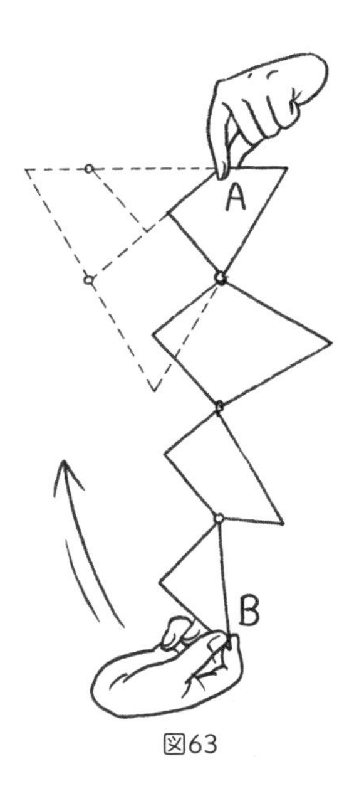

図63

準備と種明かし

厚めの板などで作った正三角形を図64のように分割しておく。つなぎ目（○で示した所）は和紙などでちょうつがいのように接続し、どちらにでも回るようにする。

こうすると下端Bは、観客から見て左（図63の矢印の方向）に回せば正三角形、右に回せば図65のように正方形になる。

上のマジックのように同じ方向に回して違う形にするには、一度卓上に置いた後、先ほどの裏側になるように持ち上げて回せばよい。観客がはじめに「三角形」と答えた場合は、この逆の手順でおこなう。

この分割は、ヘンリー・E・デュードニー（Henry E. Dudeney）が1907年の著作*The Canterbury Puzzles*で発表した。簡易的にS＝2で近似できる。

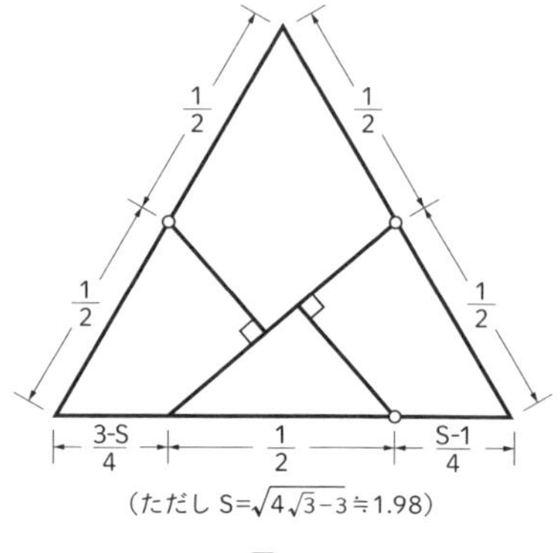

図64

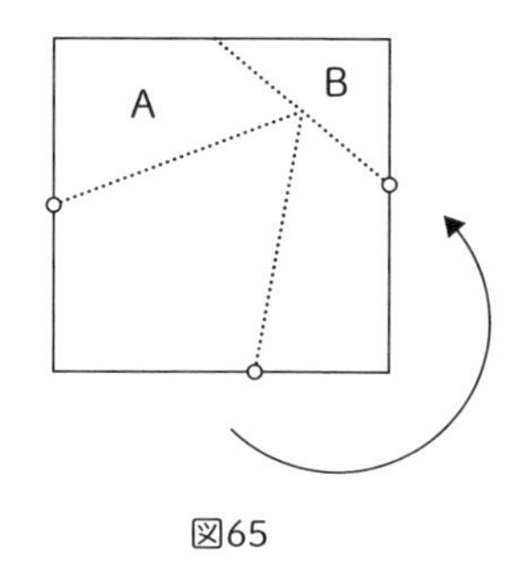

図65

隠し絵

a. そのままで2人の別人を見られる絵

演技者は言う。

「普通、1枚の絵は1つの情景や意味しか持っていません。でも、多義図形といわれる絵は、全く同じ絵なのに、異なった2つの場面という感じを見る人に与えることができます。そのような図形を知っていますか」

「知りません」

「では、ここでお見せしましょう」

「それはいいですね。見せてもらえますか」
　演技者は図66のような1枚の絵を見せる。
「これはヒルという漫画家の『家内と義母』という作品です」
「これは女の人の横顔ですね」
「よく見て下さい。他に何か見えませんか」
「…あっ！　おばあさんだ」

図66

準備と種明かし

　これはこの図さえ観客に見せればよい。若い女性の横顔の見方を変えると、老婆の顔になってしまうのである。
　ちなみに、この絵の源流はドイツの古いポストカードにある。

b. 逆さにすると人物の顔になる絵

　演技者は、観客に図67のような1枚の絵を見せて言う。
「この絵は何をかいたものでしょう……という質問を大人の方にしては失礼ですね。だれが見ても新鮮な野菜を鉢に入れたものに見えますね」
「ところで、額入りのこの絵を買って来て、眺めるのに飽きたら、ほかの絵を買わなくても別の絵として鑑賞できるんです」
　観客は不思議に思う。

図67

　演技者は「何でもありません。こうすればもう1枚の絵を買ってきたようなものです」と言って向きを変えると、観客はアッと感心する。

準備と種明かし

この絵は、ジュゼッペ・アルチンボルドの『L'ortolano（庭師）』という1590年代の作品である。絵を上下逆向きにして掲げるだけでよい。この本の読者は本を逆さにして見れば、いかにも太った感じの男が見えるだろう。

C. 蘇生して全力で走る瀕死の馬

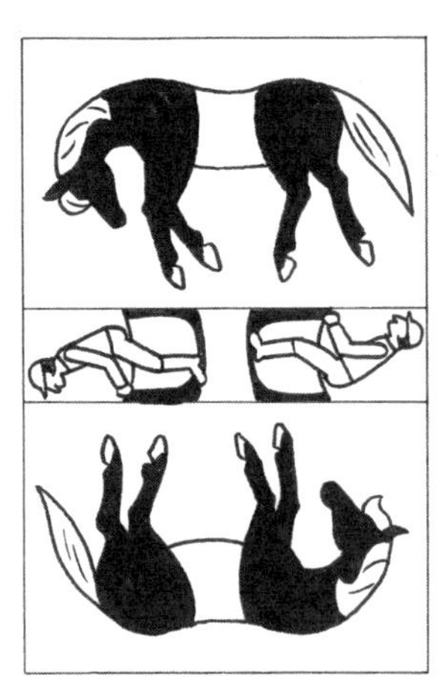

図68

演技者は観客に図68を見せて言う。

「面白い図を紹介しましょう。元気がなく、今にも倒れそうな瀕死の馬の下向きと上向きの絵があります。そしてその間に横向きになっている2人の騎手がいます。この図を線に沿って3枚に切り離して並べ変えると、この馬が蘇生して全力で走るようにできるそうです。あなたはできますか」

観客はやってみるが、結局わからない。

演技者が絵を移動すると、先に予告したように変わるのである。

準備と種明かし

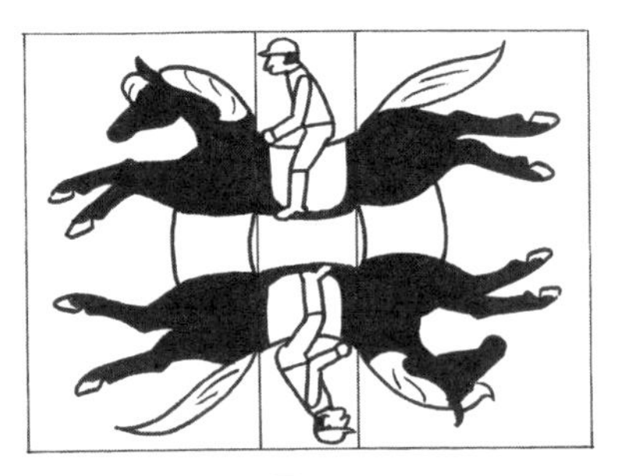

図69

図68のようなカードとハサミを用意する。答えは図69の通りで、騎手を乗せて早駆けをする2匹の馬が現れる。

このマジックは、1871年にサム・ロイドが発表したパズルを用いている。原作はロバの絵で、「トリック・ドンキー」として知られている。

③ 錯覚

平行に見えない平行線

演技者は観客に言う。

「平行な2直線は、射影幾何学では無限遠点で交わると言い換えられますが、私たちの感じでは、2本の線の間隔が一定で、広い狭いがない状態だ、とでも言うのが普通でしょう。ここに書いた3組の線は、どれもそうです」

演技者は平行線の図を示して話を続ける。

「ところで、この3組の線はだれが見ても平行ですが、これにあることをすると、何だか平行でないような感じになってしまうのです」

観客は「そんなことがありますか」などと言う。

演技者は「まあ、やってみましょう。これらに何本か線を書き加えます」と言いながら、定規でどんどん線を書き加える。①は中央部分が少しふくらんできた。②は中央部分がへこんできた。③は上と下は平行だが、中央の線だけは少し左下がりのような感じになってしまった。

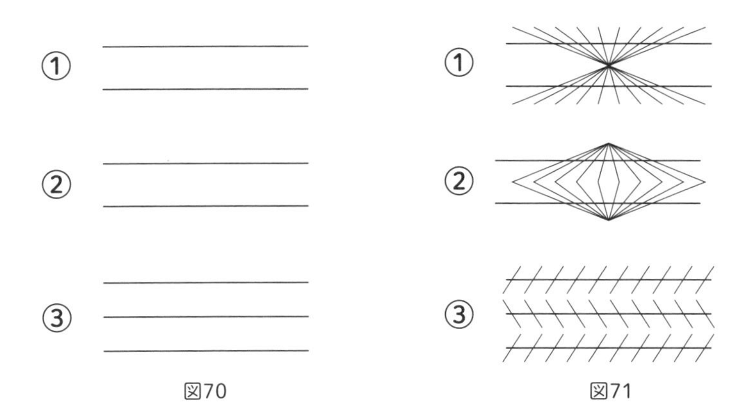

図70　図71

準備と種明かし

初めは図70のように3組の平行線だけを準備し、後で図71のようになるように、それらに交わる直線を細かく引いていく。これらは図がその周囲の形に影響されて、正しく見られなくなる心理的現象で、このような図を錯視図という。

自分の感覚が信用できなくなる図

演技者は、観客に話す。

「人間の目なんていい加減です。ある条件に合うようにきちんと作った図なのに、周囲に違うものを加えたり、その配置を変えただけで、元の図が条件通りに描かれていないように見えてしまいます。いくつか例をあげましょう」

「A（図72）には長さの等しい2本の太線が描いてありますが、平行四辺形があるために右の方が少し長い感じになります。

B（図73）は直線の上に長方形の紙を乗せたものですが、直線がきちんとつながらずに、わずかにずれて見えます。

C（図74）は同じ長さの直線を縦と横の向きに置いたものですが、わずかに縦の方が長く見えます。

D（図75）は同じ大きさの円柱を3つ描いてあったのが、遠近法的な背景を描き加えると右の円柱ほど大きい感じになってしまいます。

E（図76）は同じ大きさの円を少し離して2つ描いたものですが、その周囲に小円、大円を描き加えると、中央の2円は左の方が大きく見えてしまいます。

F（図77）は4本の平行線ですが、細い線を多数交わらせたら中央の2本の線は左側が少しスリムになり、右側が太り加減に見えてしまうのです」

観客は、たしかに演技者の言う通りに見えると同感する。

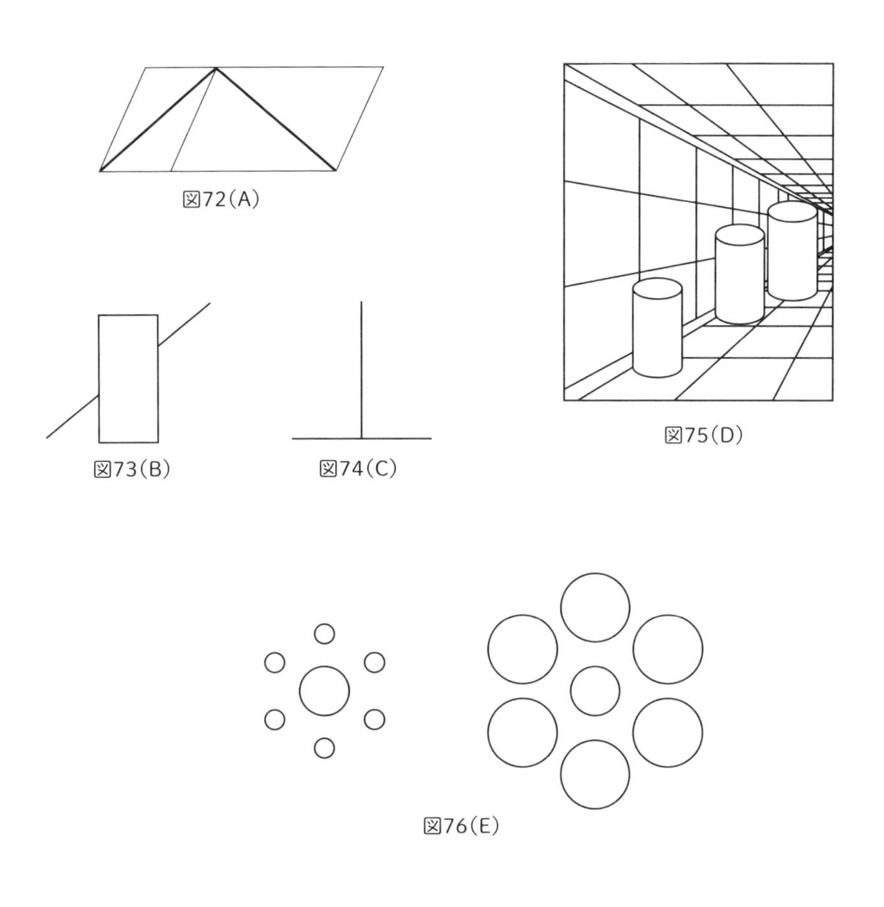

図72(A)

図73(B)　図74(C)

図75(D)

図76(E)

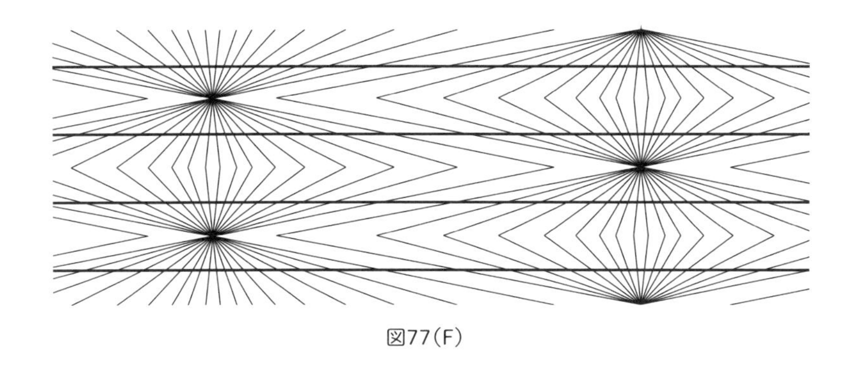

図77(F)

III
計算の
マジック

① 加算のマジック

合計当て

演技者は3人の観客に、
「電卓があれば計算は楽にできますね。それから、買い物のレジも、機械のおかげで計算が早くて確実ですよね。ところで、私は足し算だと少し早くできるんです。ちょっとやってみましょうか」
などと言う。そして第一の観客に
「この紙に、数字がなるべくいろいろ入っているようにして、6桁の数を書いてください」と言う。観客が適当な数（例えば589174）を書く。
演技者は
「ちょっと途中ですが、私がこの紙の裏に、別な数を書きましょう」
と言って、紙を取り、何か7桁の数を書く。
そして今度は第二の観客に向かい、
「あなたもまた、さっきの数の下に、いろいろな数字の入った6桁の数を書いてください」と言う。観客が適当な数（例えば840256）を書く。
演技者は「今度は私がその下に書きましょう」と言って、例えば159743と書く。そしてさらに第三の観客に向かい、
「あなたも、また、さっきの数の下に、いろいろな数字の入った6桁の数を書いてください」と言う。観客が適当な数（例えば347918）を書く。
演技者は
「今度は私がその下に書きましょう」と言って、
例えば652081と書く。
これで図78のようになる。

589174
840256
159743
347918
+ 652081

図78

「どうもありがとうございました。では、この5つの数を合計するといくつでしょう。ちょっとやってみましょう」と言って、演技者は電卓でそれを加える。

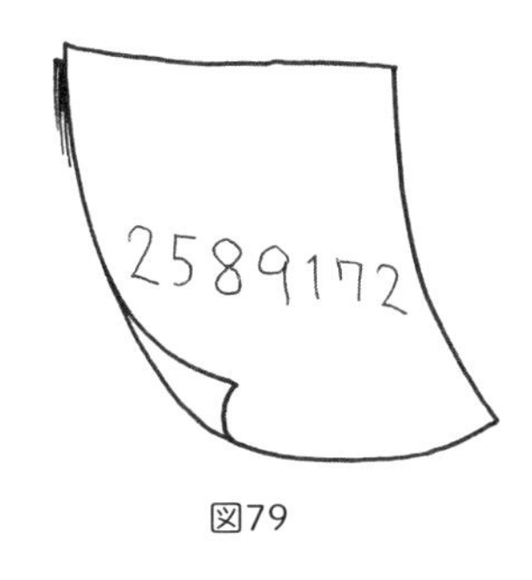

図79

「2589172ですね。ところで私はさっき裏にひとつ数を書いておいたんです」と言って紙を裏返すと、図79のように合計が書いてある。

「あ、偶然にも私が予想した数の通りになりましたね」と言う。

準備と種明かし

たいていの観客は、実際の足し算はしたがらないので、電卓を用意しておくとよい。

さて、このマジックで演技者は、紙の裏に、初めに観客が書く数の前に2をつけ、終わりの桁から2を引いたものを書けばよいのである。

そして、演算の途中で、第二の観客の書いた数について、各桁ごとの和が9になるような数字を書いて、3番目の数とする。また、第三の観客の書いた数についても、各桁が加えて9になるような数字を書いて、5番目の数とすればよい。

このようにしたときには、上から2段目と3段目の数の合計は999999、つまり100万－1であり、4段目と5段目の数の合計も100万－1となる。結局、2段目以下全部の合計は200万－2となるので、1段目の数の前に2をつけ、終わりから2を引けばよいわけである。

超高速加算

演技者は、観客に言う。

「最近はそろばんを使わなくなりましたね。とにかく珠算が盛んだったころは、日本人は結構暗算の能力があったそうですが、電卓が普及したら、今は加減まで電卓でするようになって、速度の面ではそろばんよりも遅くなったんじゃないですか」

「ところで、私はやはり暗算が好きなんです。あなたに電卓で足してもらう数を私がもう少し早く暗算で足してみましょう」

演技者は縦に「アイウエオカキクケコ」と書いてある紙と筆記具、電卓を相手に渡す。

「何か好きな2桁の数を2つ考えて、私に見せないで、アとイの横に書いてください」

観客は例えば28をアの横に、65をイの横に書く。

「アの数とイの数を足した答えをウの横に書いてください。計算が面倒なら、いつでも電卓を使ってください」

この場合、観客はウの横に93と書く。

「次にイとウを足した答えをエに書き、ウとエを足してオに書くというように、下の方の2つの数を足してその下に書くことを繰り返して、コまで進んでください」

観客は電卓を使いながらそれを繰り返してコまで進む。図80のように10個の数が書かれる。

「10個の数が書けましたね。ちょっとその紙を見せてください。そうだ、前の方は小さいから後半だけ見せてもらいましょう。紙を2つに折って、カキクケコの方を見せてください」

この例では、図80のように下半分には、カ409、キ660、ク1069、ケ1729、コ2798と書いてある。

「なるほど、こんな具合ですね。ちょっと私も数字をひとつ書きます」

演技者は別のメモ用紙に何かの数字を書き、それを裏返して机の上に置く。

「さて、この10個の数字を足してください。電卓でどうぞ」

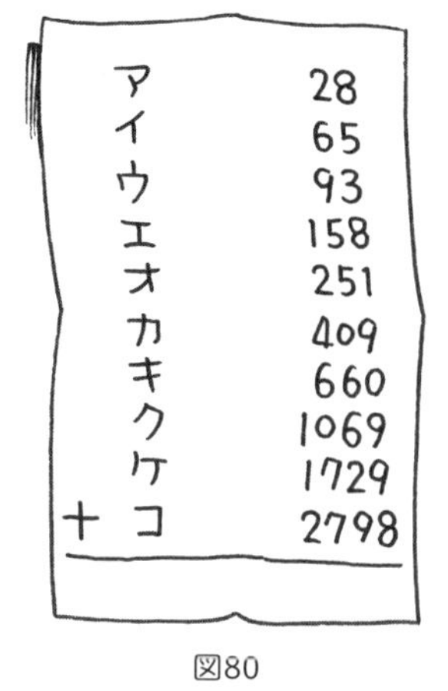

図80

観客は電卓を使って計算し、7260と答えを出す。

「7260ですね」

演技者がさっきメモした紙を裏返すと、そこに、なんと7260と書いてある。下半分の数だけ見て全体の和を当ててしまったのだ。

準備と種明かし

この種は、キの数字を11倍して書くのである。11倍は、キの数字をまず頭に書き、それを左に1桁ずらした数字と足せばよい。この暗算の自信がない演技者は、ちょっと心もとないが、その場合は観客に見えない位置で電卓を使ってもよいだろう。

このような結果になる数学的理由は、

ア＝m

イ＝n

としたとき、

ウ＝m＋n

エ＝m＋2n

オ＝2m＋3n

カ＝3m＋5n

キ＝5m＋8n

ク＝8m＋13n

ケ＝13m＋21n

コ＝21m＋34n

となり、ここまでの和を計算すると

ア＋イ＋ウ＋エ＋オ＋カ＋キ＋ク＋ケ＋コ

＝55m＋88n

＝(5m＋8n)×11＝キ×11

となるからである。

11倍の暗算が難しく、演技者が電卓を使うことがはっきりしている場合は、むしろ初めからアやイを4桁の数にした方がよい。そうすれば、和がおよそ6～7桁の数となるので、演技者が一度電卓を使ってメモに書いても不自然な感じはあまりしないはずである。

珠算の読み上げ算での速算

珠算練習で、7桁の足し算を指導中の教師が、いくつかの数を生徒と同時に計算してきたが、中途で教師だけ手を休めた。しかし次を、725万8631円也、274万1369円也、136万8527円也と、どんどん読み続けていく。「863万1473円では」と読み上げが終わったとき、教師のそろばんには、もう答えの7136万8527円が出ている。

準備と種明かし

教師つまり演技者が、すでにいくつか読み上げた結果の盤面が、5136万8527円になったとする。次にこの盤面を見ながら、合計が1000万円になるような2数を2回読み上げればよい。例えば盤面の中の第2位以下の転倒数（一の位から各桁を逆に書いた数）と、その補数（10,000,000とその数との差）、次に第2位以下全部とその補数を読み上げればよい。

¥　51,368,527…………当初の盤面
7,258,631…………第2位以下の転倒数
2,741,369…………上記の補数
1,368,527…………第2位以下と等しい数
8,631,473…………上記の補数

これで、演技者だけは、先に2000万円を加えてさえおけばよい。なお、この場合、第2位以下と等しい数を加えるときに、練習者や観客が気付くのではないか、と考えるかも知れないが、実際はひと桁ひと桁を加えるのに精一杯で、このトリックに気付くことはまずないだろう。

カードの組み合わせでできる数字を素早く合計する

演技者は観客の前で言う。

「私は数の合計をなるべく早く出す練習をしてきましたが、最近やっとまあまあの所にきました。ちょっとやってみましょうか」

そして図81のように数字を6つ縦に書いた紙を10枚出す。

8	4	9	4	6	2	7	3	5	1
6	7	5	0	5	6	9	1	2	4
1	5	4	6	3	1	5	4	6	2
3	2	3	1	2	2	3	1	2	2
9	3	6	3	4	9	4	2	5	8
4	4	7	2	3	1	7	3	6	5

図81

「この紙のうち、好きなものを5枚選んで、適当に並べてください」

観客が図82のように並べる。

「これで5桁の数字を6個作ったことになります。この合計は267694ですね」

「もう出せたの？　ずいぶん速いね」

「まあ、電卓で足してみてください」

演技者は観客に電卓を渡す。観客が足してみると確かに演技者の言った通りである。

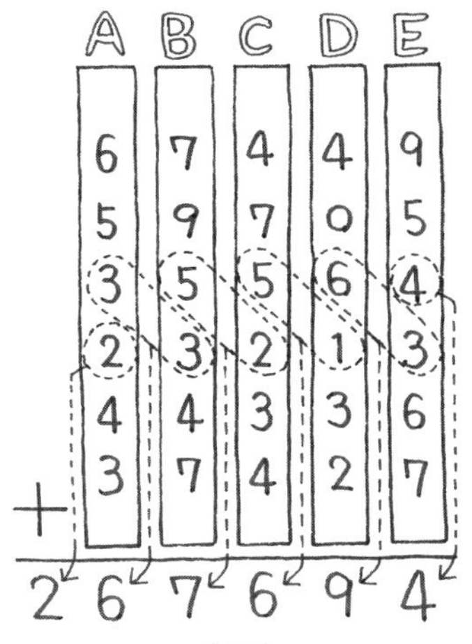

図82

準備と種明かし

演技者は、ここに示す通りの数字の並べ方の紙を事前に作っておき、ほかに電卓を用意する。

観客が並べた紙を左からＡ、Ｂ、Ｃ、Ｄ、Ｅとする。演技者は、答えの一の位としてまずＥの3番目の数字を書く。次に十の位にＥの4番目とＤの3番目の数字の和を書く。次に百の位にＤの4番目とＣの3番目の数字の和を書く。次に千の位にＣの4番目とＢの3番目の数字の和を書く。次に万の位にＢの4番目とＡの3番目の数字の和を書く。最後に十万の位にＡの4番目の数字を書けば答えになるのである。

なぜなら、A～Eのどのカードも、上から3番目と4番目の数は、そのカードの合計の一の位と十の位になるように作られている（例えばDのカードの合計は16）ためである。別のカードを作る際は、3番目の数は1～6まで、4番目の数は1～3までにしておき、どの組み合わせで足しても繰り上がらないようにしておく。

減算のマジック

減算の速算

減算が日常生活で最も多く現れる場面は釣銭だろう。そのうちでも、10の累乗にあたる金額から商品の金額を引く場合が多いが、レジで打っている一方で、自分でも納得のいく釣銭を受け取りたい。

例えば、7386円の買物をして、1万円札を出す場合の釣銭は、10000－7386で求める。この答えは2614円である。

さて、釣銭の計算の基本は、和が9になる数の組（1と8、2と7、3と6、4と5）を確実に覚えることである。

減ずる数の各桁に対応して和が9になる数を書き、末位だけは1を加えれば（つまり10との差を書けば）よい。

10の累乗に近い数の引き算

例えば、8462－986を暗算でする場合、986＝1000－14であることから、まず8462に14を加えて8476とし、結果を言う時に千の位を1だけ減らして7476とすればよい。

最高血圧と最低血圧の差を脈圧というが、脈圧を出すときには、この方法を使うと簡単にできる。

乗算のマジック

5の累乗の乗法

演技者は、友達と作業の計画を立てている。

たまたま計算で、ある数（例えば「30」とする）に25、125、625、3125を掛ける場面が出た。友達が電卓を用意しようとしたとき、演技者は、

「この計算なら、暗算でできるよ」

と言って、言葉通り筆算より速く次々と答えを言った。

速算法

これは、初めの数（上記例では「30」）の末尾に、0をそれぞれ2、3、4、5個つけ加えてから、それぞれ4、8、16、32で割ればよい。

例：$30\times25=3000\div4=750$

$30\times125=30000\div8=3750$

末位が5の数の2乗

演技者は観客に、

「1桁目（一の位）が5の数は、2乗するのに速い計算法がありますが、知っていますか？」

観客は「知りません」と言う。

「じゃ、やってみましょう。何か一の位が5の2桁の数を言ってください」

「75」
「その2乗は5625ですね」
「え！　そんなに早くできるんですか」

準備と種明かし

末位が5の数の2乗は、末位以外の数に1を加えた数を掛けて、その答えに25を添えればよい。この例では7に、それより1多い8を掛けて56とし、それに25を付け加えるだけでよいのである。

十の位が同じで、一の位の和が10になる2数の積

十の位が同じで、一の位が足して10になる2数の積を求めるときには、まず十の位の数に、それより1多い数を掛け、それに一の位の数の積を付け加えて書けばよい。

例えば、83×87の場合、8にそれより1多い9を掛けて72とし、それに一の位の2つの数（3と7）の積の21を書き加えると7221が求められる。前項の方法はこれを応用したものである。

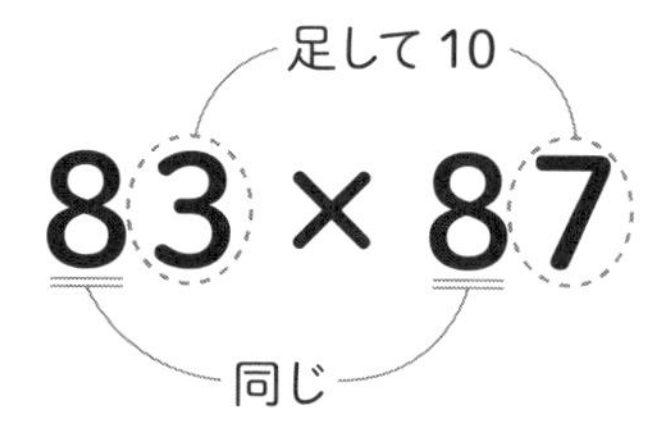

好きな数字のオンパレード

演技者は言う。
「人には、それぞれ好きな数字があるそうですね。その好きな数字が並んだ数に出会ったら、特に良いことがありそうですよね」そして続ける。
「数の話の中で、12345679という数は、ちょっと面白い性質を持っています。8が抜けているって？　だから数の“はなし”と言ったんです。間違って抜けているわけじゃありません。ところで、この数を使う前に、あ

なたの好きな数字を1つ言ってください」

観客が例えば「6が好き」と言ったとする。

演技者は、「さっきの12345679を紙に書いてみましょう。この数字に54を掛けてください。たまには筆算を思いだしてやってみましょう。でも、やはり筆算は駄目だと言うのなら、電卓も持ってきましたよ」と言って、筆算嫌いな人には渡す。

観客は前述の掛け算をする。図83のようになる。

「あれ、666666666だ！」

好きな数字がずらっと並んだわけである。

```
   12345679
×        54
-----------
   49382716
  61728395
-----------
  666666666
```

図83

準備と種明かし

1から9までのどの数についても、同じ方式でその数字が並んだ数を作ることができる。

はじめ演技者は、1から9までの数から8を抜いた数を言う。これを並べたものに、観客が好きだと言った数字を9倍したものを掛けさせればよい。例えば1の好きな人なら9。7の好きな人なら63を掛けさせるわけである。これは、12345679×9が111111111であることを利用したマジックである。

4 除算のマジック

割り算の余りをたちまち見つける

地方の県道や市街地などを車で走っていると、店の看板などに出ている電話番号が○○－○○○○と、合計6桁になっているところがある。

ところで、ある交差点で赤になり、信号が青になるまで少し待つ。演技者は横の看板に出ている番号を見て同乗者に言う。

「あの××商店の看板、見えるでしょう」
「見えるけど、それがどうかした？」
「あの電話番号をちょっとメモして」
「変なことをさせるなぁ」

同乗者は手帳を出して6桁の数字63－8651をメモする。

図84

「ぼくは学生時代、割り算に変な能力があったんだ。整数が7、11、13で割り切れるかどうかすぐ分かったんだ。今もちょっと試してみる」
「ふーん、それで、あの数字がどうかわかるということ？」
「そう。あの電話の63－8651という数字、ハイフンを万とよみかえるとすれば63万8651だ。この数は7で割れば6余り、11で割れば2余り、13で割れば割り切れる」
「運転中にそんな計算ができるの？」
「まあね。今度ドライブインで計算してみて。確かめておくけれど、数字は63万8651だ。それを7で割れば6余り、11で割れば2余り、13で割れば割り切れると言ったんだよ」

同乗者はドライブインまで待ちきれずに車中で計算を始める。

「あれ、本当だ、君の言う通りだ！」
「なあに、簡単さ」

準備と種明かし

このマジックはいつもできるわけではない。演技者は信号待ちで近くに電話番号が出ている店があり、その番号の局番の十の位と番号の百の位が図84のようにたまたま同じ（この場合は6）であるのを見たときに、このマジックができる。

さて、この例では、63－8651の局番の十の位と番号の百の位はどちらも6である。そこですかさず同乗者に話しかける。

同乗者が数字をメモしている間に、左右3桁ずつに分けて2つの数の差を考える。63－8651では、「638」と「651」で、その差は651－638＝13となるから、後ろの数が13大きい。

そこで13を7、11、13の各数で割った結果を同乗者に言うだけなのである。つまり、「7で割れば6余り、11で割れば2余り、13で割れば割り切れる」という結果である。

これはなぜだろうか。6桁の数字で、仮に638638のように左半分の数字と右半分の数字が同じ場合、この数字は明らかに、638×1001であって、

1001＝7×11×13

638638＝638×7×11×13

となり、7でも11でも13でも割り切れることは当然である。

したがって、書き留めた電話番号とこの数字との差の13が、その電話番号が7、11、13で割ったとき余りを決める鍵になるわけである。

なお、このマジックを披露するときに気をつけなければならないことがある。前の数の方が後ろの数より大きいとき、2つの数の差を割った余りの数字から、再び除数を引かなければならないのである。

例えば、電話番号が65－1638の場合は651－638＝13となるので、13で割り切れることはすぐわかるが、13を7で割ったときの余りの6をいったん7から引いて余り1とし、同様に13を11で割った余り2を、いったん11から引いて9として言わなければならない。

循環小数になる商の速算

だれも電卓を持ち合わせてなくて、割り算の小数部分を計算しなければならないとき、次のことを覚えておきたい。

① 整数を2、4、5、8、10、16、20、32、40、50、64、80で割る場合は、小数点以下は、ある位まで割り進めば、必ず割り切れる。

② 整数を3、6、9、12、15、18で割る場合で割り切れないときの商は、小数部分のある位から1桁の数字が連続して続く。

例　13÷6＝2.1666666666……

③　整数を7、14、28、35、56で割って割り切れないときの小数部分は、1-4-2-8-5-7-1-4-2-8-5-7-……の6個の数字が循環して出てくる。

例　11÷7＝1.57142857142857……

④　整数を11、22、33、44、55、66で割って割り切れないときの小数部分は、間もなく2桁の数字の繰り返しになる。

例　123÷22＝5.59090909……

以上のことを知っておくだけで、小数点以下の計算はかなり速くなり、とくに循環小数の商は非常に速く計算できるはずである。

⑤ 立方根のマジック

2桁になる立方根を暗算で求める

演技者は紙と筆記具、電卓を出して言う。

「電卓では平方根がすぐに出せるようですね。これも一応出せます。しかし、立方根は無理なようです」

「さて、私はこの電卓でできない立方根の計算をしてみましょう」

観客のうち1人を選び、

「この紙に何でもいいので、2桁の数を書いてください」と言う。

観客が「57」と書いたとする。

「私に見えないように、電卓にその数を入力して、同じ数を掛けてください。まずそれで平方数が出ましたね。出たらまた同じ数を掛けてください。それで立方数です。その数を、ほかの人にも聞こえるように言ってください」

「185193」

「はい、その立方根は、57ですね」

当たっている。

準備と種明かし

このマジックを行うには、まず、1から10までの立方数（3乗）を記憶しておく必要がある。

$1^3=1$　$2^3=8$　$3^3=27$　$4^3=64$　$5^3=125$
$6^3=216$　$7^3=343$　$8^3=512$　$9^3=729$　$10^3=1000$

この10種の立方数を調べると、一の位の数字が全部異なっていることがわかる。また、1、4、5、6、9、0の立方数の一の位の数は、元の数と同じであることと、2、3、7、8の立方数の一の位の数は、元の数を10から引いたものであることが分かる。

さて、この例では、観客が「185193」と言った。

演技者は、この数のうち千の位以上の数を頭に描くと、185となる。

これは、$5^3=125$と、$6^3=216$の間の数であるから、まず十の位はその小さい方の5であることがわかる。続いて一の位が3だったから、先程のように、この数を10から引いて、立方根の一の位は7である。したがって今の例では、立方根は57と、すぐ求められるのである。

同様な例で、観客が「21952」と言えば、まず最終の3桁を捨てると21が残るので、十の位は2とわかる。また最後の数は2だったので、これを10から引いた答えの8が一の位となり、求める立方根は28であるとわかるのである。

6 小数の計算マジック

計算の処理が正しく行われることは、日常生活で大きい意味を持っているが、自分の計算力が十分であるかどうかを自分で簡単に判定する方法を紹介しよう。

小数の計算力のマジック判定

演技者は観客に言う。
「あなたは、小数の計算を近頃やりましたか」
「いや、やってないですね」
「人間の頭は、使わないでいると衰えてきます。学校でやったときはできたのに今は全くだめになってしまう人もいます。特に小数の計算について、あなたがどんな状態かを調べましょう」
「それなら、やってみましょう」
「まず、私に見せないで任意の小数を書いてください」
観客は書く。例えば7.23だとしよう。
「次に、その数に2.64を掛けてください」
「その数に4.8を加えてください」
「その数を1.92で割り、割り切れるまで割っていってください」
「その数から5.9を引いてください」
「その数に37.6を掛けてください」
「その数に220.9を足してください」
「その数を51.7で割り、割り切れるまで続けてください」
観客は「終わりました」と言う。この例では観客は9.03になっている。
演技者は、
「では、答え合わせをしてみましょう。あなたは最初にどんな小数を書きましたか？」
観客は「7.23です」と言う。すると演技者はたちどころに
「では、あなたが正しく最後まで計算してあれば、答えは9.03ですよ」と言う。
観客は自分が苦労して計算した結果も9.03になっているが、演技者の計算があまり早いので驚く。

種明かし

　演技者は最後に観客が言う初めの小数に1.8を加える。これが答えである。この理由は、はじめの数をnと置いて代数的に結果を求めれば、最後の結果が$n+1.8$　になることによる。

分数の計算マジック

分数の計算結果の自動判定

　演技者は言う。
「分数の計算練習の答えが、自分で確かめられたら良いと思いませんか。分数の計算は、日頃めったに使いませんが、数学の上では大切です。あなたの分数の計算力を自分でそっと確かめられる方法を教えましょう」
「ではまず、私に見せないで$\frac{1}{2}$より大きい好きな分数を書いてください」
　相手は好きな分数を書く。
「次に、その分数から、$\frac{3}{7}$を引いてください」
「その数に、$1\frac{2}{9}$を掛けてください」
「次に、その数に、$2\frac{2}{21}$を足してください」
「その数を$\frac{8}{15}$で割ってください。割るときには分母と分子を交換して掛けるんでしたね」
「割れたら、その数から、$2\frac{1}{7}$を引いてください」
「その数に$\frac{3}{5}$を掛けてください」
「できたら、その数に$\frac{1}{8}$を足してください」
「その数から$\frac{17}{28}$を引いてください」
「最後に、その数を$1\frac{3}{8}$で割ってください」
　相手は「終わりました」と言う。
　演技者は「では、答え合わせをしてみましょう。あなたは最初にどんな分数を書きましたか？　あなたが正しく最後まで計算してあれば、答えは初めの分数に戻っています」と言う。

方陣作りのマジック

指定された数が定和になる方陣を作る

演技者は観客に言う。

「平方数の個数だけ別々な整数があって、それを正方形に並べたとき、縦・横どの列の和も全部同じになる。それを方陣というのですが、知っていますか」

観客は「はい、知ってます。3方陣、たしか『憎しと思えば七五三、六一坊主に蜂が刺す』と教わったことがありますよ」

「そうそう、それは有名な3方陣の標準型ですね。このようになります（図85）。どの列の和も15になる。斜めを足してもそうなります。この15という値を定和といいます」

2	9	4
7	5	3
6	1	8

図85

「4方陣や5方陣もあるんですか」

「ありますね。特に完全4方陣といって、どこの列の数の和も、2つの対角線の和も、また2×2の正方形の和なども同じ数になるものがあります」

「それは面白い。でも、こういう数の配列を工夫するのは大変でしょう」

「ところが、私はあなたの言う条件で方陣を作れます。とりあえず、定和をあなたに言ってもらって、それになるように作ってみましょう」

「そんなことができるんですか」

「何か、適当な数を言ってください。4方陣でやってみましょう。でも、違う数を入れていくので、定和が33までの場合はできません。34より大きい数を指定してください」

「はい、では50にしましょう」

演技者は4×4の方眼の中にそれぞれ異なる整数を書いていく。間もなく図86のようにできあがる。演技者は持っていた電卓を観客に渡す。

「さあできました。どの列でも、対角線でも、2×2の正方形でも、その数字を足してください」

観客が足すと、どの組み合わせもすべて和が50である。

5	12	15	18
19	14	9	8
10	7	20	13
16	17	6	11

図86

準備と種明かし

マジックで4方陣を作る場合、演技者は基本型となる方陣を暗記するのがよい。よく用いられるのは図87に示す型である。これ自体も方陣であるが、この中の数字は数値を記入していく順番を示している。

1	8	11	14
15	10	5	4
6	3	16	9
12	13	2	7

図87

定和として観客が指定する整数は、①nを自然数とするとき30＋4nの形のもの、②それ以外のものに分けられる。

①の型のものは、方陣を作る方法が簡単である。例として観客から声があがった50は、この中に入る。まず初項を求めるため、指定数から30を引いて、4で割る。50についてこれを行うと5となる。したがって初項は5となり、あとは基本型の番号順に1ずつ増やした数値を書いていき、20で終わりにすればよいのである。完成すると図86のようになる。

②の型の場合は、まず30を引いて4で割ったときの商を初項とし、余りを覚えておく。①の場合と異なる点は、余りが1のときは記入する順番の13番目、余りが2のときは9番目、余りが３のときは5番目に１つ飛ばして次の数（つまり2つ増やした数）を入れ、それ以降はまた1ずつ増やした数を記入していくということである。

たとえば、定和が60の場合を考えてみよう。30を引いて4で割ったときの商は7、余りは2である。初項を7として図87の順に従って7→8→9→…と記入していくと、8番目で14となる。ここで、余りが2であるから、9番目に15+1=16を入れ、それ以降は17から数字の順に書き入れていく。完成すると、図88のようになり、定和が60の方陣を作ることができた。

7	14	18	21
22	17	11	10
12	9	23	16
19	20	8	13

図88

IV

位相幾何学(トポロジー)のマジック

位相幾何学（topology）とは、つながり具合に重点を置いて、さまざまな図形の性質を調べる数学の一分野である。これによると、目で見て、常識的に不可能な感じのする位置関係であっても、数学的に可能であるものを選別することができ、それが可能である手段も追及できるため、マジック・トリックとしての効果を期待できる事例がいくつも挙げられる。ここではその代表的なものを集めた。

① 輪はずし

ボタンホール・パズル

演技者はペンの端に、紐をペンの全長より少し短くなっている輪にして、図89のように結びつけたものを持っている。

図89

そしてテーブルをはさんで向かいあった相手に「あなたの上着をちょっと貸してください」と言って、上着を借りる。

演技者は上着を膝の上に下ろして、相手から見えなくする。そして右手で紐のついたペンを取り上げて相手に見せ、「このペンを洋服のボタン穴に吊りさげます」と言ってテーブルのかげで吊り下げてしまう。

ペンを吊り下げた上着を出して「ご覧になっていた通り、これは今吊り下げたものです。当然すぐ外れるわけですが、ちょっと外してみてください」と相手に上着を戻す。

相手はいろいろやってみるが、ペンを外すことはできない。

演技者は「できないんですか。では私がやってみましょう」と言って、また上着を受け取り、テーブルの下におろす。数秒後、演技者は上着から抜いたペンを見せる。

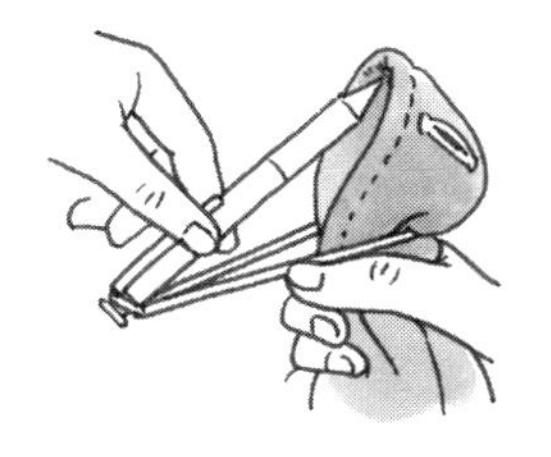
図90

準備と種明かし

これは、パズル的なマジックで、アメリカのサム・ロイドが考案した「ボタンホール・パズル」というものである。極めて簡単に抜けるのだが、その方法は容易には発見されない。

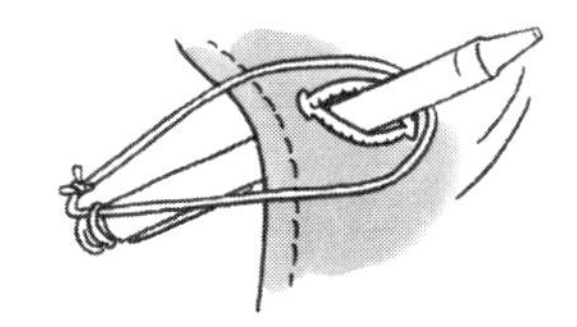
図91

まず初めにセットする時は、ボタン穴のところをぐっと絞り、そこに紐の輪を通して、図90のようにする。そうするとペンの先端はボタン穴にちょうど届くところになるだろう。そこで、ボタン穴を通して（図91）ペンを抜きだすと、ボタン穴にペンが吊り下がる状態になる（図92）。

抜く方はその逆で、やはり上着を十分絞って輪を穴から絞った部分の方にペンの先が出るまでずらしていく。そして抜き取って見せればよい。

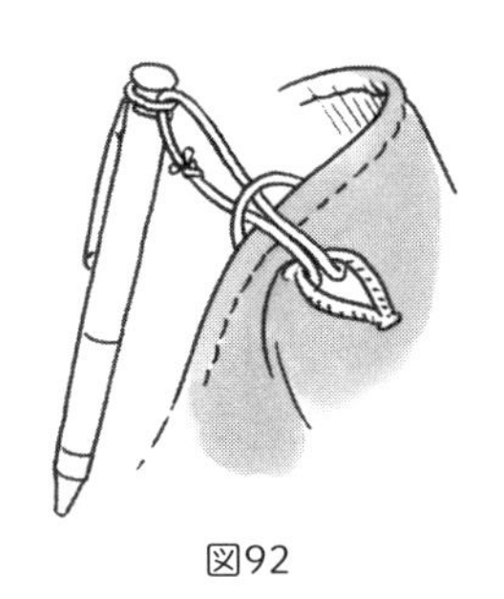
図92

ロープの輪からリングを外す

演技者は言う。

「日本の古い奇術に、天狗通しというのがあります。輪にした紐を両手にかけ、それに穴のある茶たくを通しておいてそれを抜くのです。昔紹介されていた方法はやや複雑なのですが、それをややスピーディにしたやり方を、私は知っています。もっとも今は、穴のあいた茶たくは使われていないので、ほかのものでリング状になっているものでやります。たとえばセロハンテープの輪なんかでもいいでしょう」

演技者はまずリングを持って輪にした紐を通し、紐の端を観客の両手の親指にかけ、軽く左右に引っ張って、図93のようにしてから言う。
「この指から紐を外さないで、このリングを抜きます。どうやればよいでしょう。いろいろやってみてください」
しかし相手は、種を知らなければできるはずがない、と言った顔であきらめている。

演技者は
「リングを抜くのは不可能だと思っているんでしょう。では私がやってみましょう」
と言って、紐の輪を両手の親指に掛け代える。
「では、ここを引き出して、これを掛けて」と言いながら、2回ほどの動作をしたのち、紐をかけている観客の両手を左右に引っ張るようにさせると、リングは紐から外れて落ちるのである。

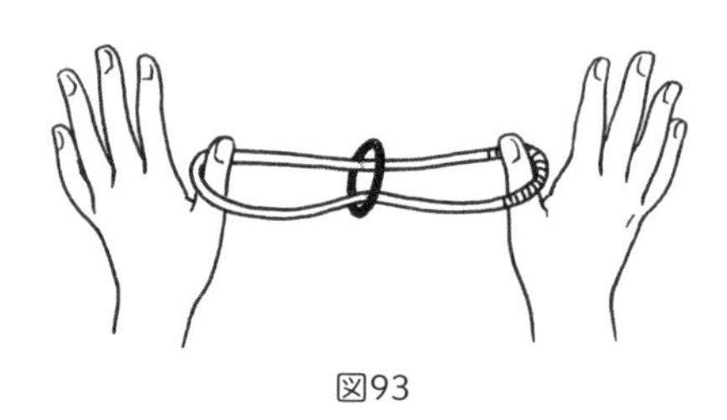

図93

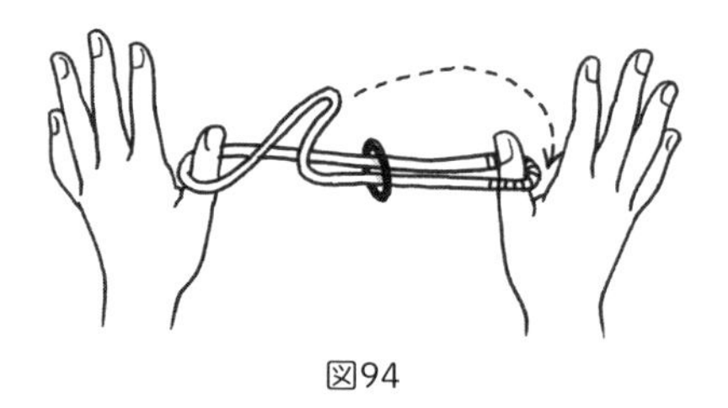

図94

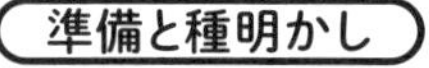

準備と種明かし

約40cm程度の紐を輪にしたものと、セロハンテープの輪のようにリング状のものを用意する。

まず、リングに紐の輪を通したものを作った後、紐の輪を図93のように、観客の両手の親指にかける。リングの左側手前の紐を図94のようにたぐって、右側の親指の根元に図95のようにかけ、今までかかっていた紐を親指から外す。図96のように手を広げてもらえば、リングが外れるのである。

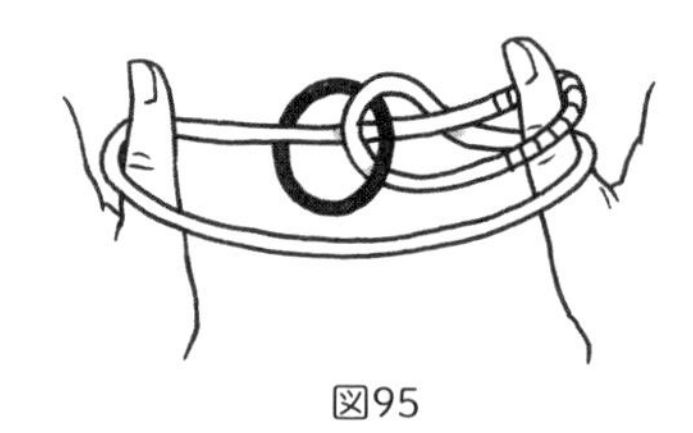

図95

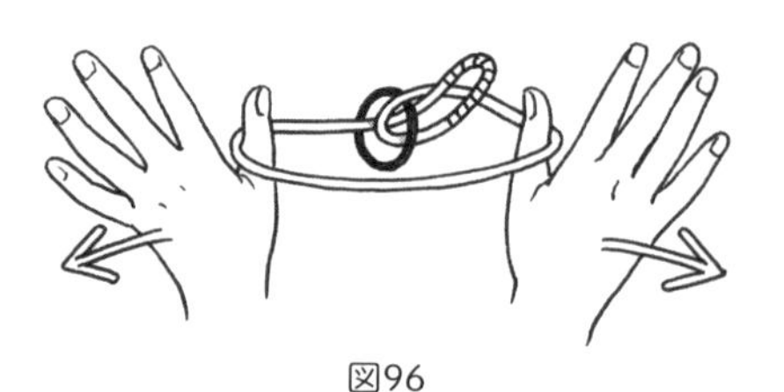

図96

② ベストを使って

位相幾何学的に言うと、スーツのベストは３つの境界を持った左右対称の曲面であり、それぞれの境界は単一の閉曲線を作って互いに連結しない、と表現される。そして、ボタンをかけ、この部分の布地が連続したとみなせるなら、今度は４つの境界を持つ左右対称の曲面として考えられることになる。

ボタンを留めないベスト

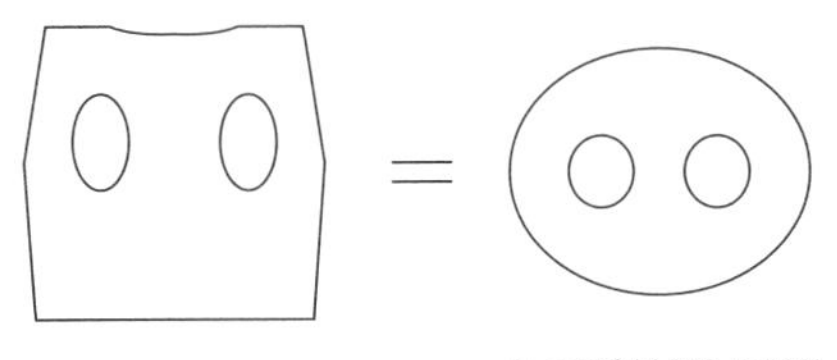

3つの境界がある曲面

ボタンを留めたベスト

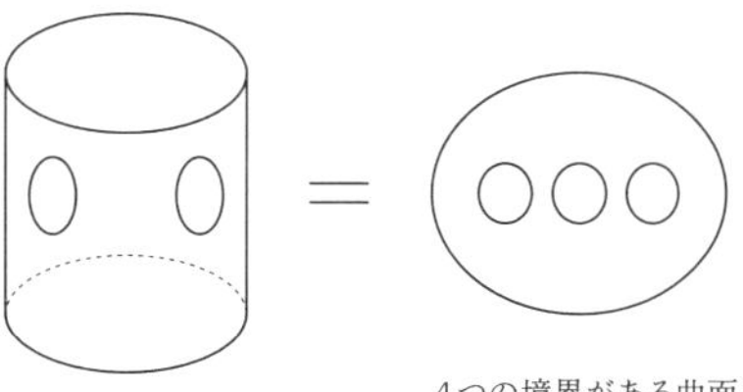

4つの境界がある曲面

組んだ手を解かずにベストを裏返す

演技者は、観客の一同に言う。
「皆さん、こんなことを考えてください。ベストを着ている人が両手を体の前で組みます。その組んだ手を解かないで、ベストを裏返すことができるでしょうか」
だれかが「できるんじゃない？」と言ったりする。
「できそうですか。どなたかやってみてもらえますか」
そう言われても、まず普通の人はできない。演技者はベストを着ている人に言う。
「すみませんがこれから、さっきのことができるかどうかをやってみましょう。あなたのベストで、させてください」
演技者が観客のベストのボタンを外してやってみると、できてしまう。

準備と種明かし

まず、ボタンを外してベストを持ち上げ、頭を越して両腕の上にかける。両腕の出る穴を通してベストを裏返して、元の位置に戻せばよい（図97）。

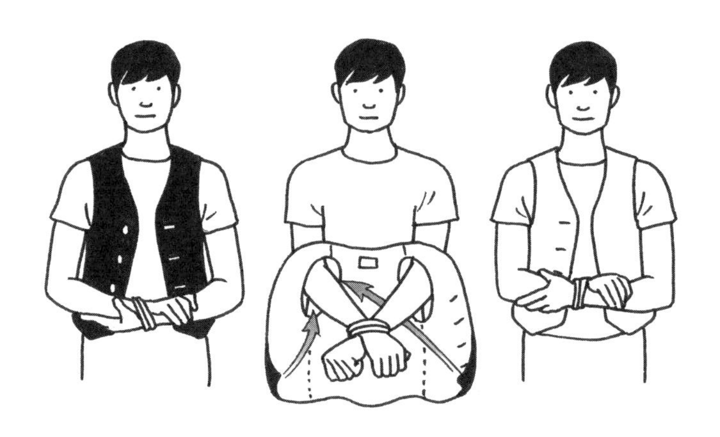

図97

ベストを抜ける輪

ベストを着ている人に上着を脱いでもらう。約1mの紐で作った輪を右腕に掛けさせた後、親指を図98のようにベストのポケットに入れてもらう。演技者のほかの観客たちに、

「この親指を動かさないで、ベストから紐を外すことができますか？」と聞くが、だれもできない。

演技者は、「ちょっと不可能な気がするでしょう」と言ってから、観客の目の前でやってみると、なんと外すことができる。

図98

準備と種明かし

演技者は紐をベストの右腕側の穴に通して、頭をくぐらせ、左側の穴から出して、左腕をくぐらせればよい。輪はベストの下に入って胸を取り巻くことになる。ベストの中に手を突っ込んで首の上に出して抜くこともできるが、ちょっと恰好が悪いので、紐を一旦ベストの下方に押し下げて抜いてしまえばよい（図99）。

図99

ボタンを外さずにベストを裏返す

演技者は観客に言う。

「あなたはベストのボタンを外さずに、ベストを裏返すことができるかどうか考えたことがありますか？　そんなことは初めから考えてもみない人がほとんどですよね。私もそうでした。でも、あるとき私は、ボタンを外さずにベストを裏返すことが、位相幾何学的には可能なことを知りました。けれども、実際にやってみたら、ボタンをはめたベストはかなりきゅうくつなので、そのままでは、まず頭上に押し上げられないのです」

さて、どのようにすればよいのだろうか？

準備と種明かし

前々項「組んだ手を解かずにベストを裏返す」の場合と同じように扱えばよい。これも両方の手首を自分の前で縛り、動く自由を残しておく。このやり方なら、ベストを頭上に引き上げて、両方の袖口を利用して裏返して、体に戻すことができる（図100）。

図100

スーツ着用のままボタンを外さずベストを裏返す

スーツの上着をベストの上にはおったまま両方の手首を縛っても、まだベストの裏返しは可能である。

準備と種明かし

図101を用いて説明する。まず、ベストの上に上着を着た状態（①）から、上着を頭上で返して両方の腕の上にかける（②）。さらに同じようにベストを脱ぐと、ベストが上着の上にかぶさるような状態になる（③）。つぎにベストの一方の袖から上着を出し、ベストと上着を分け、前項と同様のやり方で袖口を利用してベストを裏返す（④）。次にさきほど上着を出した

ベストの袖口から上着をベストの中に入れると（⑤）、③と同様、ベストの中に上着が入った状態になる（⑥）。ベストを脱いだときと逆の動作で頭からかぶり（⑦）、上着を頭上で再び返して元の状態に戻す（⑧）（図は仕組みがわかかりやすいよう、上着の袖は省略してある。Vがベスト、Jが上着、色がついている方が表である）。

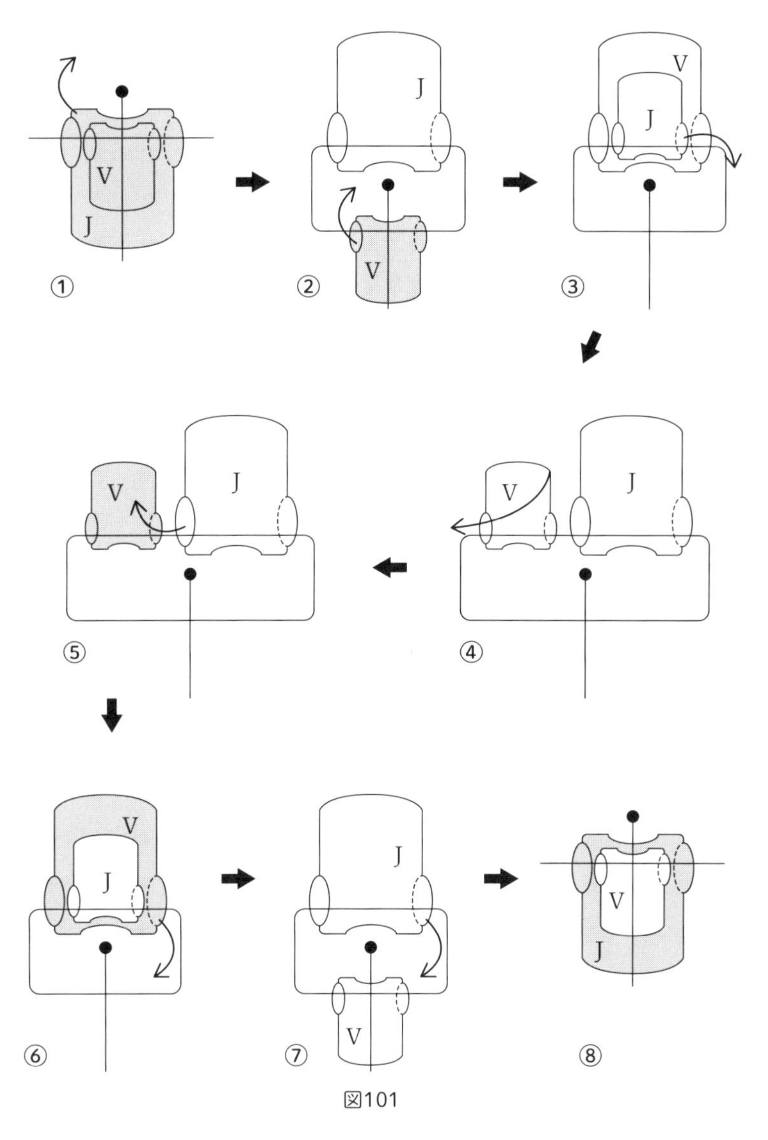

図101

ベスト外し

演技者は一同の観客に言う。

「皆さんは、スーツのベストを脱ぐときには、必ず、まず上着を脱いでからしていますね。上着を脱がずにベストを脱いでいる方がいらっしゃいますか？　やはり誰もいませんね。これも不可能なことの1つかもしれません。でも、ものは試し。やってみましょう」

演技者がやってみる。上着にかなりシワがよってしまうが、とにかく上着を脱がずにベストを脱ぐことができる。

準備と種明かし

これには数種の方法があるが、たとえば次のものがある。

まずベストと上着のボタンを外す。次に上着の右側をベストの右の袖口の中に外から引込み、この袖口を右の肩から押し上げて外し、右腕の先へ通し、下げて腕を抜く。そうすれば、右の袖口は右肩の背後で上着を取り囲んでいる形になるはずである。

この袖口を背後で回し続け、左肩と左腕をこの穴から抜いて、最後に上着の左側も抜く。結局、右の袖口は胴の背を一周するわけである。

こうすればベストは上着の下で左肩に掛かっている形になる。ベストを上着の左袖の中に半分ほど押入れ、つぎにこの上着の袖口から右手を入れてベストを引き抜けば、上着を脱がずにベストを脱ぐことができるのである。

③ 輪ゴムを使って

突然ほかの指に移る輪ゴム

演技者は図102のように輪ゴムを左手の人差指にかける。その一端を右手で持ち、図103のように中指の周囲にまわして、もう一度人差指に掛ける。すると図104のようになる。

観客にこの人差指の先を押さえさせる。とたんに輪ゴムは、人差指から完全に離れて、図105のように中指にぶらさがってしまうのである。

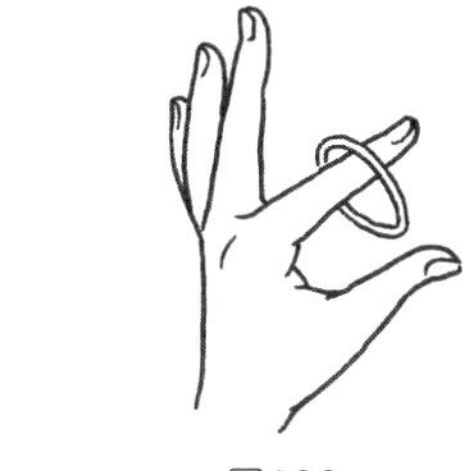

図102

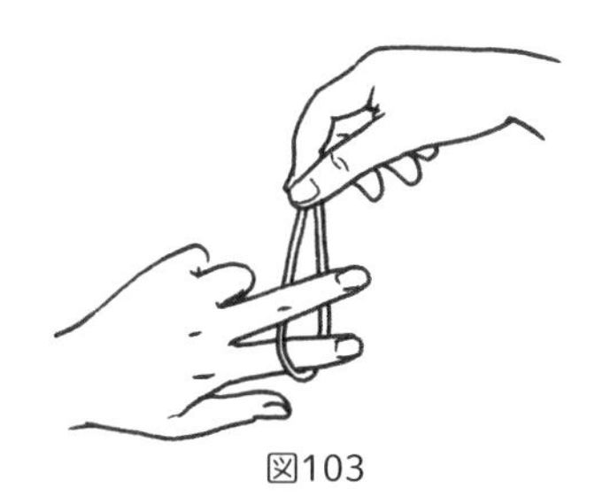

図103

図104

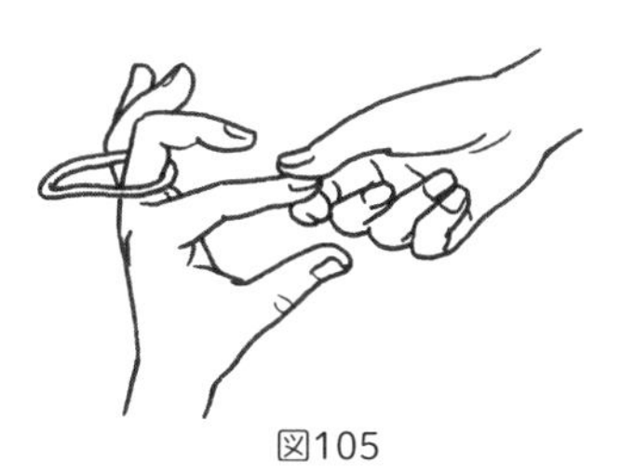

図105

準備と種明かし

観客が指をつかむと同時に、演技者は中指を曲げて、輪ゴムのAの所を中指の先から抜く。これによって輪ゴムは人差指から瞬間的に飛び離れて中指に移る。

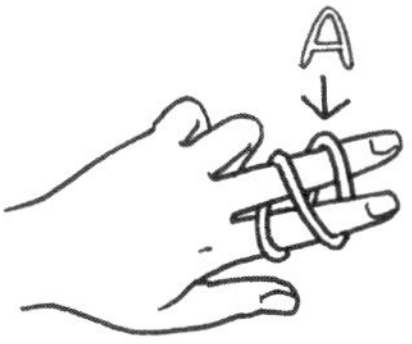

ねじれた輪ゴム

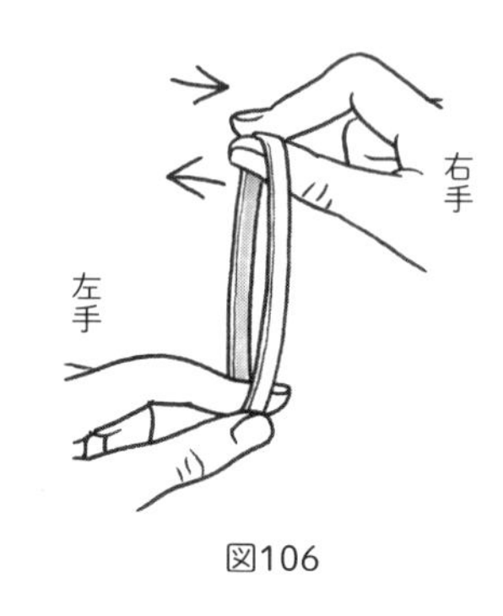

図106

演技者は大きい幅広の輪ゴムを持っている。これをまず図106のように持ち、右の親指と人差指を矢印の方向にすべらせて、輪ゴムを図107のようにふたねじりした状態にする。

観客と向かいあって、両手を演技者と同じ形にしてもらい、輪ゴムを今作ったそのままの形で全く同じように持たせる。つまり、2人とも親指と人差指の上下関係は変えないようにして、演技者の右手から観客の左手に輪ゴムを渡し、左手も同じように渡す。このとき、輪ゴムは相手に向かって平行移動させるが、回転させてはいけない。

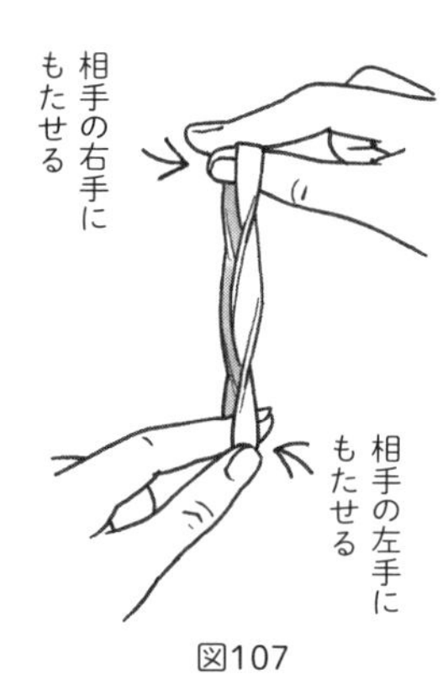

図107

観客にこのねじれた輪ゴムをもとの姿のまま持っているように言う。

さて、ここで演技者は観客に

「この両手の位置を上下交換して、輪ゴムのねじれをなくすことができるでしょうか。もしできたら大したものです。ちょっとやってみてください」と言う。

観客はどのように両手を動かしても、そのねじれを解くことはできない。

しかし、演技者は慎重に輪ゴムを観客から取り戻して、初めのように右手を上にして持つ。次に引き続いて演技者が若干の動作をすると、不思議にもねじれは跡形なく消えてしまう。

種明かし

これは位相幾何学的に言うと、ねじれた輪ゴムは演技者の両腕と胴とともに、この輪ゴムのねじれを消してしまうような構成になっているのである。ところが観客が演技者から輪ゴムを引き継ぐと、相手側にはこの構成と左右が反対の構成が形作られてしまう。その結果、演技者が持っている場合と全く異なった性質を持つようになっているわけである。したがって演技者が輪ゴムを初めのように持ったあと、同じところをつかんだままごく静かに両手の上下を入れ替えればよい。動作が終わると同じところをつかんだまま、ねじれが消えるわけである。

④ メビウスの輪

切っても切れない輪

術者は「折り畳んでない紙や布というものは、一度はさみを入れて切った場合、必ず2つの部分になりますね」と言いながら、図108のように手元の紙を切る。2片になる。

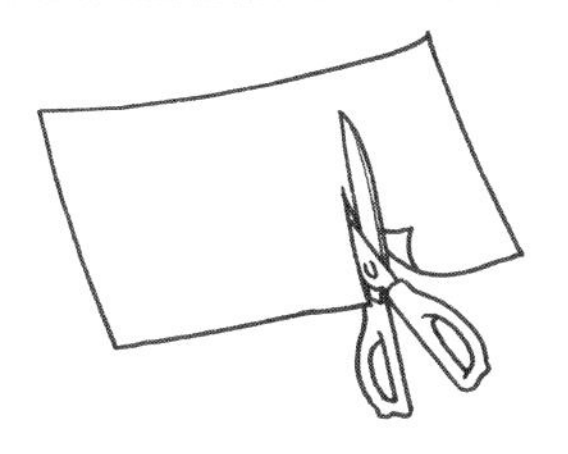

図108

「これは一枚物でも輪でも同じです」と帯状の紙を輪にしたものを図109のように真ん中から切っていく。今度は2つの輪になる。

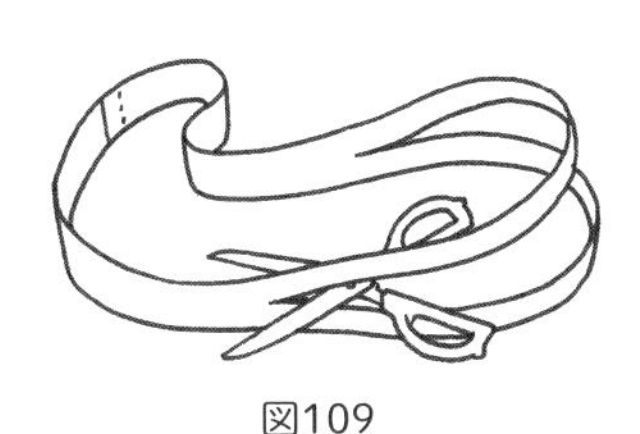

図109

「もう一度同じことをしてみましょう」と別の紙帯でできた輪を真ん中から切る。すると今度は、大きい1つの輪になってしまう。

準備と種明かし

初めに切る紙は普通のもの。2番目に切る紙帯は、ただ輪の状態にして端を貼りつける。最後に切る紙帯は端を貼るときに片方を半回転させて図110のように貼る。これは「メビウスの輪」

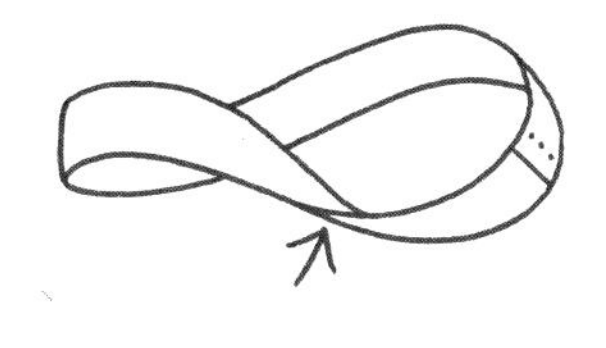

図110

と呼ばれる。

最後の紙帯を切るときは、「私の知っている限りでは例外はなかったんですが、ここにお見せする帯は変な性質があるらしいですね」と言いながら、ただ中央を切り進むだけでよい。切り終わったとき、直径が2倍の大きい輪が1つできている。

大小の輪ができる

演技者は、集まっている観客に言う。

「1枚の紙で作った輪からはさみを離さずに切り進んで、切り終わったときに、大と小の2つの輪が組みあわさっているようにできるでしょうか」

「そんなこと、できないんじゃないですか？」

「それができるんです。お見せしましょう」

演技者は帯状の紙を輪にしたものとはさみを用意して、図111のように帯の途中にはさみを入れて切り進む。はさみが元の位置まで戻ってきたとき、元の輪は図112のように、見事に大・小の細い輪が組み合わさったものになっている。

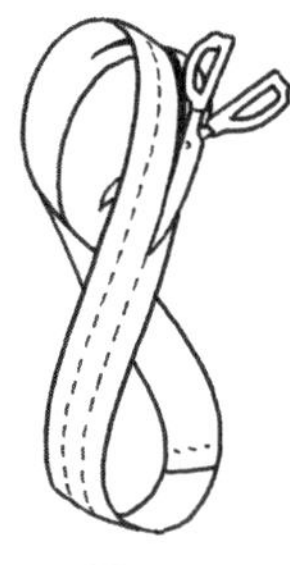

図111

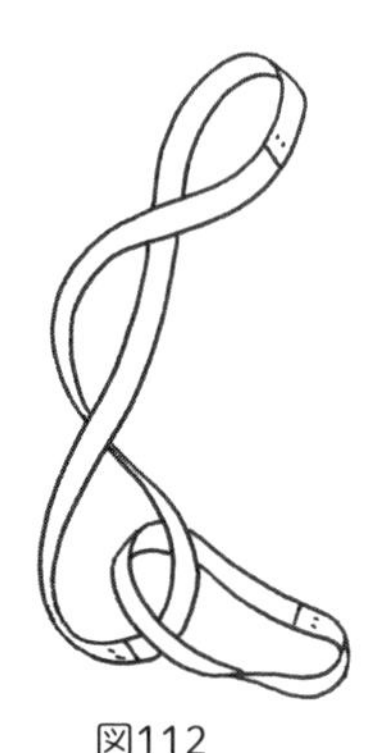

図112

準備と種明かし

この輪はただ帯状の紙を輪にしたものではなく、前述のメビウスの輪である。この輪を手にしたら、図111のように演技者は端から3分の1のところにはさみを入れて、前に切り進むだけでよい。一周したときに、先ほどの切り口は帯の幅の逆から3分の1のところにあるので、最初の切り目とはつながらない。

したがって、あと一周するように切っていく。今度は切り始めたところまで戻ってくるが、そこで切り離すと、驚いたことに、図112のように大と小の2つの輪が組み合わさったものができあがる。

⑤ ロープとトポロジー

紐のすりぬけトリック

演技者はテーブルの上に1本の紐で、図113のような紋様を作る。そして観客に、
「できた紋様内の、中央の部分のどちらかに指を突き立ててください」と言う。

観客がそうしたら、演技者は、
「私はこれからこの紐を両手で引っ張ります。そのとき、あなたの指をこの紐にからみつかせるか、すり抜けられるようにするか、あなたの好きなようにしてみましょう」と言う。

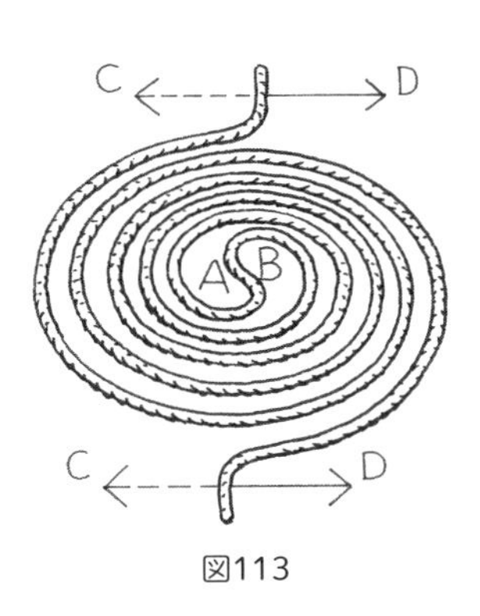

図113

相手が例えば、「すり抜けさせてください」と言ったら、演技者は紐の端をちょっと揃えてさっと引く。紐は指にからみつかずに抜ける。

次に演技者が相手に「ではあなたがやってみてください。あなたが紐を引く前に、からみつくか、すりぬけるかを予測してから紐を引いて下さい」と言う。相手は予想するが、その予想ははずれてしまう。

準備と種明かし

観客が図113のＡかＢのところに指を立てたら、演技者は紐の端をＣかＤのどちらかに動かしてまとめ、それからそろった端を引けばよい。紐の両端の集め方次第で、相手の予想を自在にはずすことができる。

Ａに指があるとき、Ｃの方に引くと指から外れ、Ｄの方に引くと指にか

らまる。
Bに指があるときは、その逆になる。

結び目消し

演技者は図114のようにラップの芯などの筒に紐を結ぶ。観客がその様子を見ている。
演技者は右に延びている紐を図115のように筒に通して出し、左右の端を持って引いていくと、結び目ができてしまう。ところが、もう一度同じようにやってみると、図116のように中の結び目が消えるので、観客はあっと驚く。

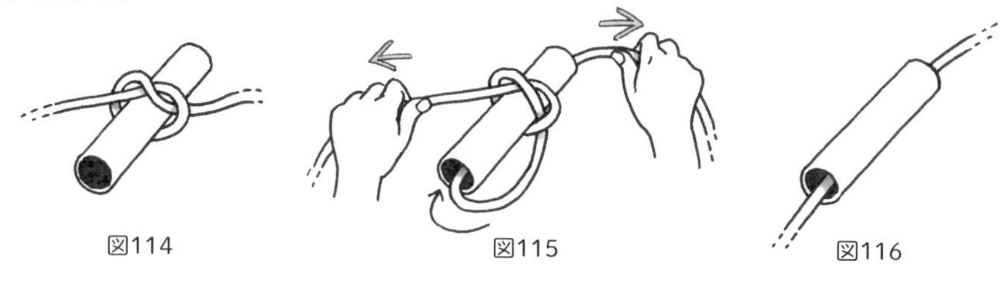
図114　図115　図116

種明かし

2回目は、図117のように紐の結び方を逆にして、図115のように紐を通せばよい。

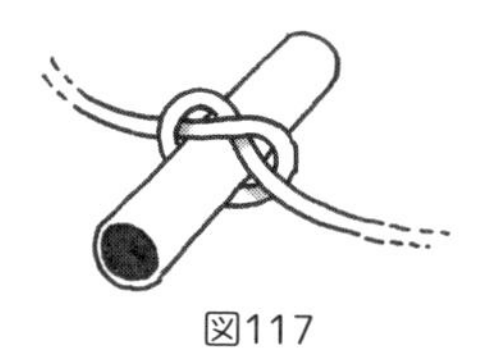
図117

はさみ抜き

演技者は観客の前で、はさみに図118のように長い紐を通し、その端を固定されているものに結びつける。そして言う。
「ある家の母親が困っていました。その家の子どもが勝手にはさみを使って自分の部屋などに置きっぱなしにするのです。そこで母親は、こんな風にはさみを紐でつないでおいて、家では居間だけで使うようにしたそうです。しかし、どうしてもそのはさみを使いたい子どもが、いろいろ考えて、紐を切ったりほどいたりしないで、はさみを自分の部屋に持っていってしまったそうです。さて、あなたはできますか」

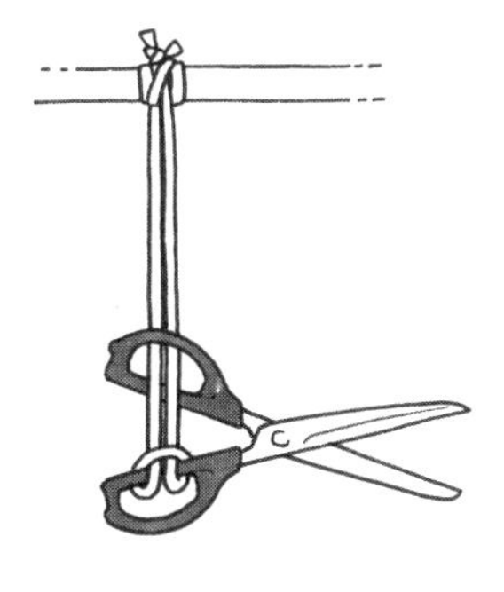
図118

観客は、「なんだか、できそうな気がするね」と、しばらくやってみたがうまくいかない。

ところが演技者が、

「では、抜き方をやってみましょうか」とやってみると、なるほど、抜けてしまうのである。

準備と種明かし

長めの紐とはさみを用意する。

紐は図118の通りに結んではさみに通してから固定する。抜き方は図119-122の通りである。

まず、結び目の輪になっているところを、A（持ち手の穴）を通すように引っぱり出し（図119）、Aの上側で手前に折り返すようにしながら輪にBを通すと図120のようになる。Bをくぐらせた輪をはさみの先の方へもっていき、はさみの先端をくぐらせる（図121）。最後に紐を上に引っぱる（図122）。たいして熟練はいらず、すぐ抜けるようになる。

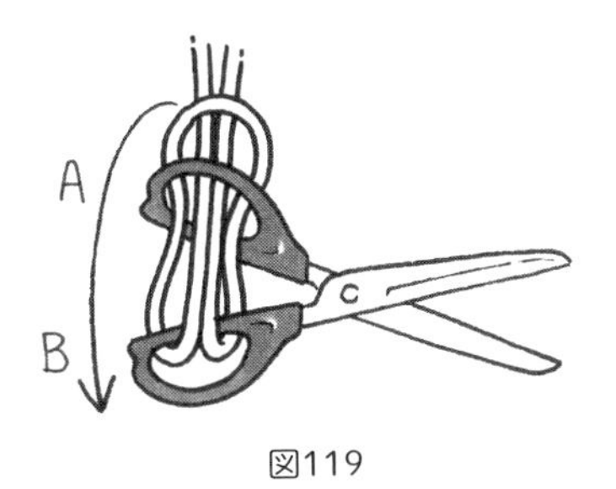

図119

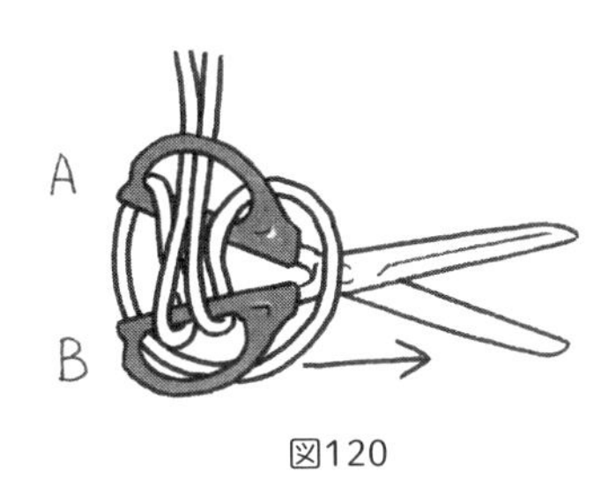

図120

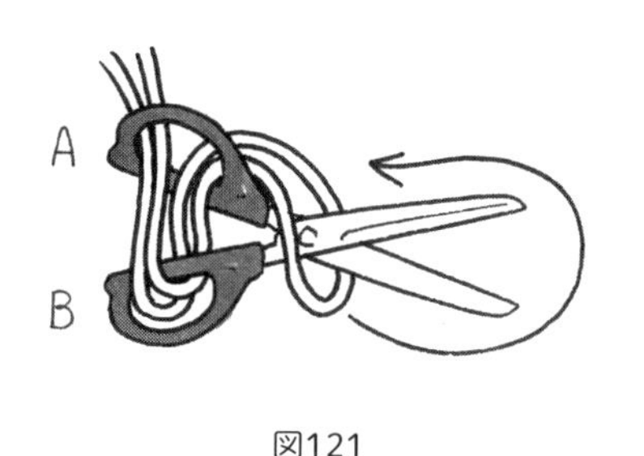

図121

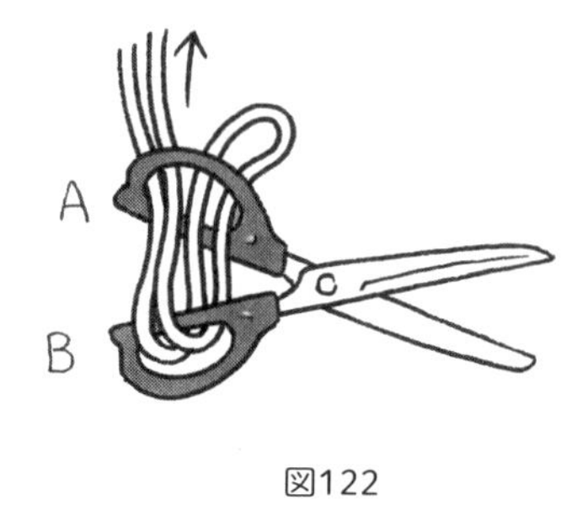

図122

紐抜け

演技者は、観客に頼んで両手を紐で縛ってもらい、別の長い紐を、図123のように縛った紐と両腕でできた輪の上から下に通して、少し離れて持ってもらう。そして、両手の上に大判のハンカチなどをかけてもらう。

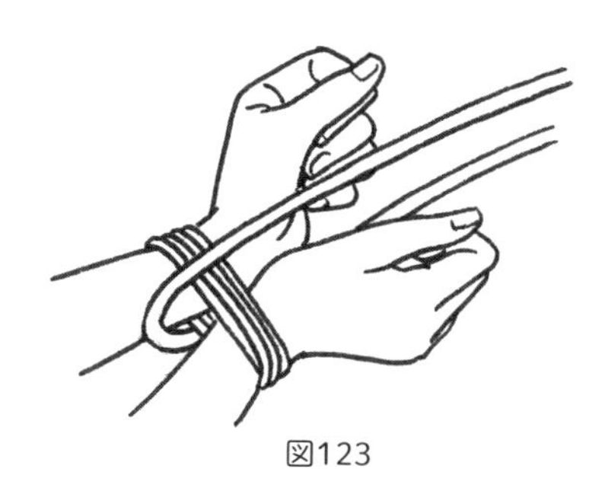
図123

演技者は、
「このように、私は紐でつながれていて、逃げることができなくなっています」と一同に見せる。
「しかし、私としては何とかしたいのです。もしかしたら、この紐から抜けて、逃げだせるかもしれません」

約1分後、演技者は、だまって後ろに下がって、紐をぴんとした状態にする。そしてハンカチを床に落とす。その直後、「エイッ」と掛け声をかけて体を後ろに引けば、何と手は縛られたままだが、観客の持つ紐が、両手の間から離れて床に落ちてしまうのである。

準備と種明かし

演技者は、長い紐を両手の輪の中を通してその端を観客に持たせ、手首にハンカチをかけてもらったら、まず両手を手前に引いて、観客が持っている紐の中央あたりで両腕の間にあるところを、自分の両手首を縛った紐の輪の位置ぎりぎりに移動させる。そして自分の両手を少し前に出して長い紐をたるませながら、紐の中央あたりを手首を縛った紐の間を通し、両方の掌の間から指の方に図124のように押し出し、出てきた紐を、図125のように片方の手の外側をまわし、手首を縛った紐のところまで持ってくる。

そうできたら、演技者は手を軽く傾けてハンカチを落とし、その後体を少し引いて紐をぴんと張る。次に手を引けば、つながれていたはずの長い紐は手首の外に出て、床に落ちるのである。

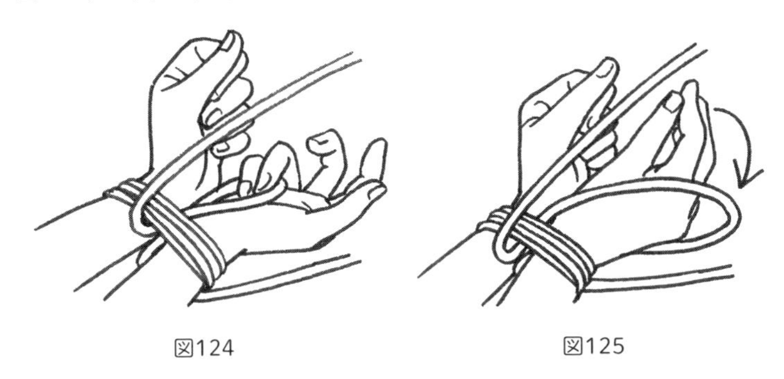

図124　図125

⑥ ハンカチを使って

指抜きトリック

演技者は1枚のハンカチの相対する隅を両手で持って細くし、これを観客の右の人差指に図126のようにかける。ハンカチをこの指のまわりでねじった後に、観客に

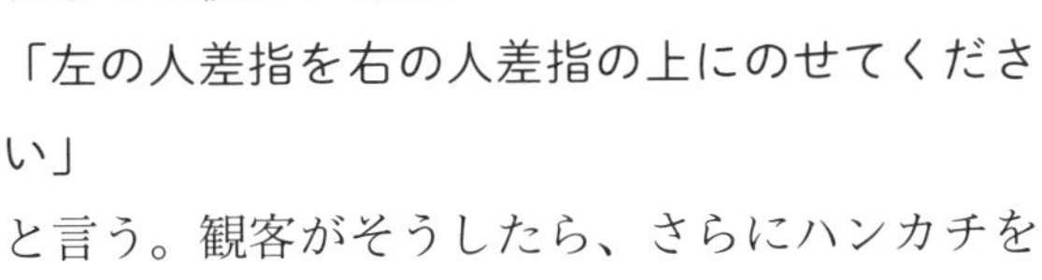

「左の人差指を右の人差指の上にのせてください」

と言う。観客がそうしたら、さらにハンカチを

図126

しっかり2本の指のまわりでねじる。演技者はここで下の人差指の先をつかみ、

「上の人差指を抜いてください」

と言う。演技者がハンカチを持ち上げると、演技者がつかんでいる指から、ハンカチがするりと抜けてしまうのである。

準備と種明かし

このマジックで、ハンカチは2本の指のまわりに、いかにもしっかりと巻きついているように見えるが、この巻き方は右の人差指をハンカチが作るループの外に残すようにしてある。その方法は次の通り。

(1) 右の人差指の下でハンカチを交差させる（図127）。このとき、交差している部分でAのほうがBよりも演技者の側（手前）にくるようにする。以下の操作でも、両端を交差させるときは常にAを手前に持ってくることが重要である。

(2) ハンカチの両端を上で交差させた状態にする（図128）。

(3) 交差している上に客の左の人差指を置かせる（図129）、Aが手前にくるよう注意しながら、その上でまた交差する。

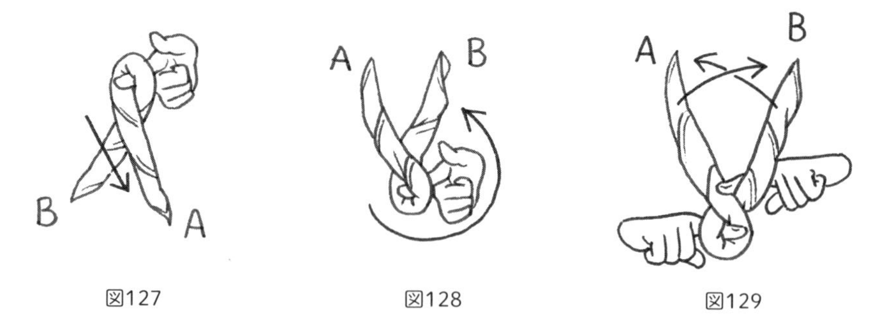

図127　図128　図129

(4) A・Bを両方とも下に降ろし、下側で交差させる（図130）。

(5) 演技者は両端を持ち上げて左手で持つ。このとき、Aは下の指の内側を通す（図131）。これで2本の指はしっかりと縛りつけられたように見える（図132）。

(6) 演技者は観客の下の指先をつかみ、上の指をハンカチから抜かせる。演技者がハンカチを持った左手を上げると、指からハンカチが抜ける。

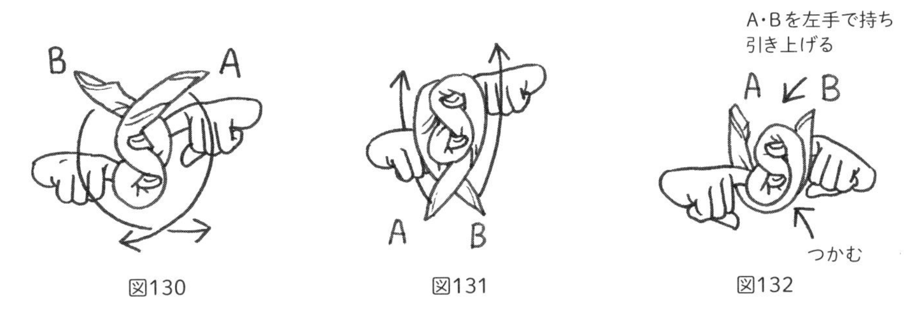

図130　図131　図132

なお、このマジックは大きめの薄手のハンカチを使った方がやりやすい。

鉛筆抜き

演技者はテーブルの上に1枚のハンカチを広げ、観客に言う。

「このハンカチの上に鉛筆を置きます。そして、これをハンカチで巻いていきます」

観客は見ている。

演技者は、

「さて、鉛筆はハンカチの上に置いて、たしかにこの中に巻き込みました」

と言ったあと、

「このハンカチを広げてみましょう」

と、広げていく。すると不思議なことに、鉛筆がいつのまにかボールペンに変わっているのである。

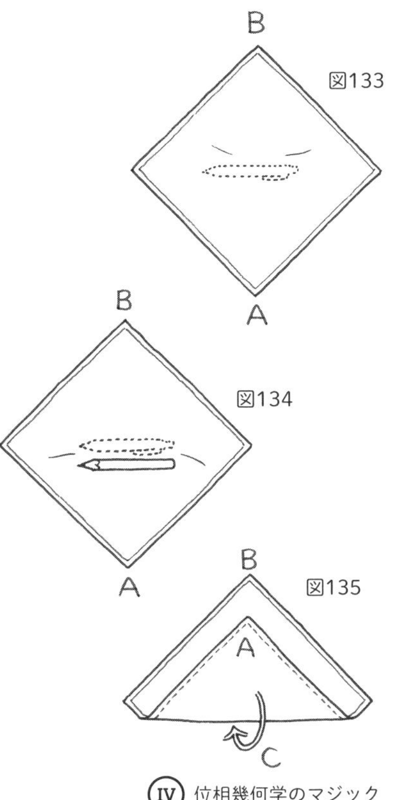

図133　図134　図135

準備と種明かし

これは初めに、机上に広げたハンカチの下に、図133のようにボールペンを隠しておく。鉛筆を、図134で示す位置に置いて観客に見せ、その鉛筆の部分でハンカチの手前側を折り、図135のように上に載せる形にする。

さて、鉛筆とボールペンの両方をハンカチ越しにつまみ、図135で矢印で示してある向きにハンカチを下側に巻き込みながら、図136のように鉛筆とボールペンを包んでいく。もう一巻きして、図137のような状態にする。そこから手前にひっくり返すようにさらにひと巻きすると図138のように角AとBが初めと逆の位置になる。角AとBとを左右の手で持ち、矢印で示された方向にハンカチを広げれば、鉛筆はハンカチの下にもぐり、ハンカチの上にボールペンが現れるというわけである。

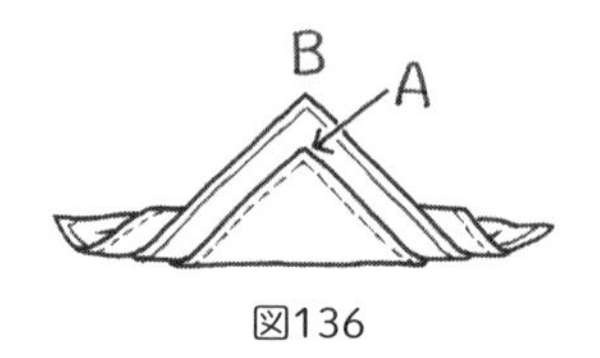

図136

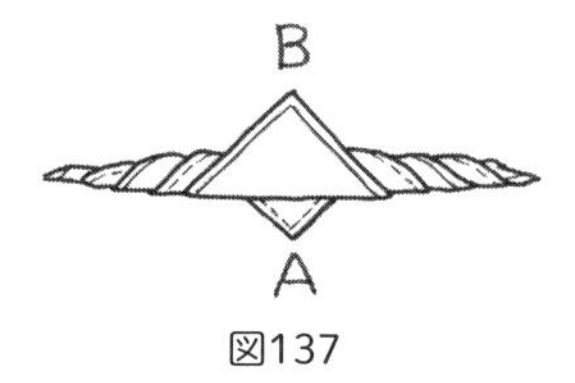

図137

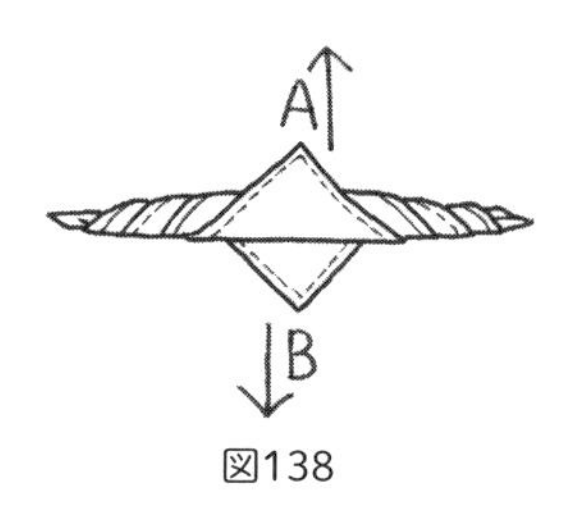

図138

7 ありえない立体の見取り図

ありえない物の図

演技者は観客に言う。

「私達は現実の世界でいろいろな図を描く場合、必ずその絵を見る人に受け入れられることを期待して、矛盾のないものを作るのが普通です」

「ここに、壁に取りつけた本棚の一部分を描いた絵が2枚あります。しかし、それをつなげるとどうでしょうか。ちょっと、お見せしてみたいと思います」

演技者は図139と図140を観客に見せる。

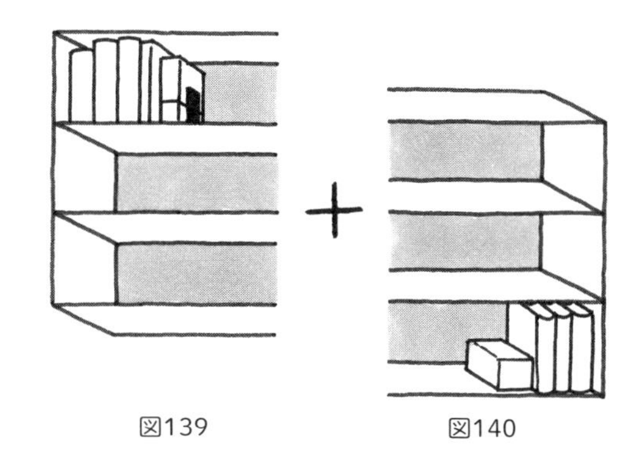

図139　図140

そして、それをつなげてみる（図141）。

「どうですか。現実にあるものが、ありえない形になってしまいました」

観客は、その絵を見つめる。頭が混乱しそうである。

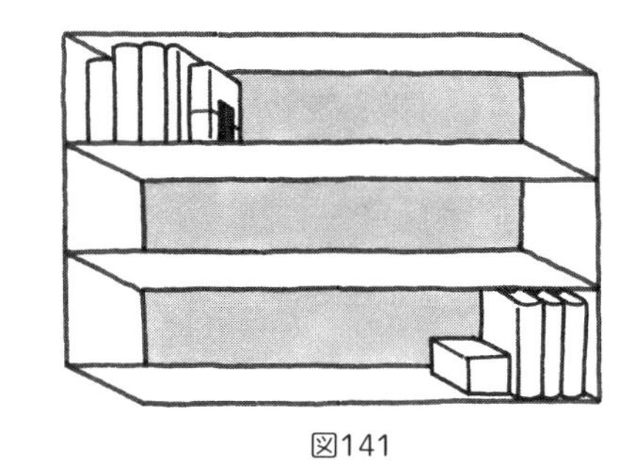

図141

準備と種明かし

これは、見取り図の視点を変えたために起こる現象である。私たちは平面に表した図は、その前提として見る人が固定した視点を持っているものと考えているが、この絵は視点の位置を意識的に離しているので、実に妙な感じになる。

ほかに、同じ考えで作られた絵として、「悪魔のフォーク」や「ペンローズの三角形」などがある。また、このような絵で最も著名なものに、画家であるエッシャーの「滝」がある。略図でも良いが、もしこのような絵を観客の見ている前で描くことができれば、いかにも不思議な感じを持たせ、観客の頭脳を混乱させることができるだろう。

悪魔のフォーク

ペンローズの三角形

暗号・通信のマジック

① 術者と助手

霊能力？

演技者は助手と登場して、観客に
「このAさんは、不思議な霊能力をもっています。本日は霊感が働きそうだということなので、これからAさんに、その霊能力を見せていただきましょう」と言う。
そして、
「最近の2人組のマジックでは、1人が髪や服の襟に無線発信機を隠し、もう1人は耳の中に受信機を入れて交信するといったものもありますが、私もAさんも、もちろんそんな仕掛けはしていません。確かめたい方はどうぞこちらに来て、よくご覧ください」
と続ける。
Aは舞台に上り、椅子に腰を掛ける。演技者は観客に、
「どなたか、このタオルでAさんにしっかり目隠しをしてください」と言い、希望した観客にタオルを渡して、Aの目を隠してもらう。
演技者は客席の中を歩いて、観客から思い思いの品物を1つずつ提出してもらい、その品物についてAに聞く。
たとえば
「これは何ですか？はっきりと言ってください」
「ハンカチです」
「では、色は何色ですか」
「青です」
そこで次の観客に移って、
「今のは何ですか？」
「お金です」

「どんなお金ですか？」
「1000円札です」
「では次です。これは何ですか？」
「運転免許証です」
「この方の住所の番地で、最後の数字はいくつですか」
「6です」
演技者は観客に免許証を返して
「今、Ａさんが言った数字は合っていますか」
「はい、その通りです」
以上のようにAは次々と見えないはずの品物や特徴を口にするのである。

準備と種明かし

このトリックでは、演技者が観客側にまわっていろいろな質問を発し、舞台でこれに応じて助手が透視能力を発揮している。この助手を霊媒と呼ぼう。問題は、この霊媒に果たして超自然的な能力があるかどうかだが、これはもちろん立派な種のあるマジックにほかならない。

これは客席側の演技者から、舞台の霊媒に送られる直接の暗号通信によるものである。すなわち、ある言葉に別の意味を持たせて秘密裏に内容を伝える方法で、言語による伝達にほかならない。ただし、いかにして観客に気づかれないように客席から舞台に暗号を送るかが問題である。

これはもちろん相当の練習を必要とするが、仕掛けがないだけに種を見破られる心配がなく、品物の準備が不要なことと、ほとんど場所を選ばないことが大きな特長と言える。

それでは、いつ演技者からの秘密の通信が発せられるかというと、これは品物の名称や内容などを、質問する演技者の簡単な言葉の中に、巧妙な暗号として折り込んで同時に送るのである。

演技者は観客から示された品物を、いったんそれに相当する数値に直し、これをあらかじめ決めておいた言葉の形で舞台の霊媒に送る。そこで霊媒は、その数値を再び決めておいた法則に従って品物の名に還元して、観客に答えるという仕組みである。

例えば次のように決めておく。これを「鍵」と呼ぶことにしよう。なお、下線の部分は数字の読みと関連しており、記憶の助けになる。

それでは……………………………0
いま………………………………1
どうぞ……………………………2
さあ………………………………3
しっかり・よろしく……………4
はっきり…………………………5
ねがいます・おねがいします……6
こたえ……………………………7
はやめに…………………………8
はやく……………………………9
では………………………………直後の数字を2回重ねる
もしもし…………………………直後の数字を3回重ねる。

これを使って当てる一番簡単なものは、いうまでもなく「数字当て」である。鍵そのものは数の形であるから、演技者にとっても極めて都合がいいが、それだけに霊能的な色彩に乏しいことは避けられない。そのため他のことがらと組み合わせて用いるとよい。例えば「物品当て」、すなわち観客の所持品の名称を当てることである。この2つはたいていの場合、付随して行うのに適している。

さて、実例をあげよう。まず1桁の数字を当てる場合である。

黒板にチョークで数字を書いてもらったり、画用紙に太いペンで書いてもらったりできる場合は、その数字を観客に見せてから言う。

0の場合…………「それでは数字当てを始めましょう。まず黒板に書いた数字はいくつですか」
1の場合…………「いま黒板に書いた数字はいくつですか」
2の場合…………「数字当てから始めましょう。どうぞわかったら言ってください」

3の場合…………「数字当てです。さあいくつでしょう」

4の場合…………「数字を黒板に書きました。しっかり心に念じてください」

5の場合…………「黒板に数字を書きました。わかったらはっきり言ってください」

6の場合…………「まず数字当てです。わかったらお願いします」

7の場合…………「初めは数字当てです。黒板に書いた数字がわかったら答えてください」

8の場合…………「黒板に数字を書きました。わかったら早めに言ってください」

9の場合…………「数字当てから始めましょう。わかったらなるべく早く言ってください」

演技者は問い掛けの言葉に答えとなる数字の鍵だけを含め、ほかの鍵に対応する言葉は絶対に含めてはいけない。つまり、「答えてください」とは7の場合だけに限り、ほかの場合は「言ってください」「いくつですか?」「わかりますか」などにすることが大切である。

2桁は上の言葉を組み合わせればよい。

10の場合…………「いまから数字当てを始めましょう。それではまず黒板に書いた数字を言ってください」

11の場合…………「では、いま黒板に書いた数字はいくつですか」

12の場合…………「いまから数字当てを始めましょう。どうぞわかったら言ってください」

13の場合…………「いまから数字当てをします。さあいくつでしょう」

このようにすればよい。60台のように鍵が文の終わりのような場合は

60の場合…………「はい、お願いします。それではまず黒板に書いた数字を言ってください」

61の場合…………「はい、お願いします。いま黒板に書いた数字はいくつですか」

62の場合…………「はい、お願いします。どうぞ黒板に書いた数字を言ってください」
63の場合…………「はい、お願いします。数字当てですがさあいくつでしょう」
などとなる。
　8の「早めに」、9の「早く」は重ねると不自然なので、
89の場合…………「2桁の数ですが、なるべく早めに言ってください。わかりませんか。早くしてください」

のように、間にほかの言葉をはさんで言う。89の例のように、霊媒が何桁かわかるように始めに言っておくとよい。
　桁数がさらに多くなる場合の例では、
396の場合………「今度の数はいくつですか？　さあ、はやく、お願いします」
4447の場合………「もしもし、しっかり、答えてください」
のように言う。

　物品あての場合は、あらかじめ日常私たちの身の周りにある物、演技する場所にありそうなものに数字をあてはめておき、その鍵となる言葉を言う。
　たとえば、時計、ボールペン、鍵、ハンカチ、ティッシュ、財布、手帳、電卓、名刺、万年筆、眼鏡、くし、携帯電話、コップ、箸、花、鉛筆、紙、ワイン、紙幣、硬貨、扇子、帽子、かばん、靴、バッグ、菓子、皿、ろうそく、マッチ、ライター、たばこ、灰皿、本、ネクタイ、スーツ、マフラー、指輪などについて、連想の方法で数字を当てはめる。
　少し複雑になると「人物当て」、つまり観客の職業・服装・男女・老若などもこの原理を応用して当てることができ、さらに高度なものとして名前なども当てられるだろう。

言葉当て

演技者は、観客となるＢさんに言う。
「これから来るＡ君は私の友達ですが、あなたの思った言葉を当てる力があるんですよ」
「へえ、どんなふうに？」
「ここに厚い辞典があります。Ｂさん、この中の何でもよいので、勝手な見出し語を選んでこのメモに書いてもらえませんか？　ちょっと私の前でやってみてください」
Ｂさんは、辞典を適当にあけて、例えば「太平洋」という言葉を選んでメモに書いて、裏返して置いておく。
数分後、Ａ君がやって来る。
演技者は客にＡ君を紹介してから、雑談に移る。
「ところでＡ君、きみが人の思った言葉を当てられる力がある、ということをこのＢさんに話したんだ。実はさっきこの辞典から勝手にＢさんに一つの言葉をメモしてもらったんだよ。この言葉を当ててみてほしいんだ」
Ａ君は「辞典をあけていいですね」と問う。
「いいですよ」
Ａ君は辞典をあけてしばらく見ていたが、
「その言葉は、太平洋ですね」と言った。
Ｂさんは驚く。

準備と種明かし

これはもちろんＡは演技者の助手で、演技者の暗号を受け取って言葉を探し出したのである。
このマジックには、辞典、筆記具、メモ、電卓がいる。
Ｂが辞典から1つの単語を選んでメモしているとき、演技者はその様子を見ながら、辞典でその単語が出ているページ、段数、その段の中で何番目の言葉かを確認する。そして手元の電卓の上位4桁にページ、第5桁に段数、第6・7桁にその段の中でその語が何番目であるかという順番、第8桁には派生語の場合の順番を入れる。例えばBが1457ページの4段目の第7語目にある「太平洋」を選んだときは、まずBが選んで写し終わるまでの段階で、手元の電卓に14574070と入れる。

最初の段階で、演技者は電卓を開いてさりげなくAに示す。Aはその数字を読み取り、1457－4－7と記憶する。記憶できなければ自分でメモしてあとで確認してもいいだろう。演技者はAがその数字を確認してあとで電卓の数字は消してしまう。なお、ページ数が3桁以下のときには全体の桁数が減るが、いつでも下の桁から見るようにすればよい。

雑談に移ってから、辞典を見たAが1457ページの4段目の7語目を見れば「太平洋」と出ている。Aはその単語を言えばいいだけである。

簡単なカード当て

演技者は観客に言う。

「皆さんは知らないと思いますが、ここにいるAさんは、実はトランプのカードを当てる特殊な力を持っているそうです。皆さん、Aさんの力を見てみませんか」

観客は同意する。

「Aさん、どんなことができるんですか」

Aが立ってテーブルのところに来て言う。

「私がここで後ろを向いている間に、どなたかにこのトランプから1枚引いて頂きます。私はそのカードを当てましょう」

演技者は「どなたか、この山からカードを1枚引いて、皆さんに見せてください」と言う。

観客の1人が出てきてトランプを引き、演技者を含む一同に見せる。ダイヤの6だったとしよう。

演技者はそのカードを無造作にテーブルの上に置き、Aにいう。

「Aさん、1枚選びました」

Aはテーブルを向き、

「そのカードは、ダイヤの6ではありませんか」と言う。

観客は当たっているので驚く。

準備と種明かし

このマジックではAは事前に演技者から頼まれて、助手になっている。

演技者は、観客が選んだカードを、打ち合わせ通りのルールでテーブルの上に置くだけである。

まず数字であるが、テーブルを、図142のように12分割し、裏向きのトランプをそのうちのどこに置くかで、助手に数字を伝えることができる。

次に、トランプのマークは、そのトランプの置き方で伝える。トランプを助手側から見て縦に置けばダイヤ、右上がり斜めに置けばクラブ、横向きならハート、右下がり斜めがスペードとしておけば、これでマークがわかる。

そうすれば、助手は一見して、そのカードの置き方で何のカードかがわかるのである。なお、これは別の場所で何度か練習をしておいた方がよいだろう。

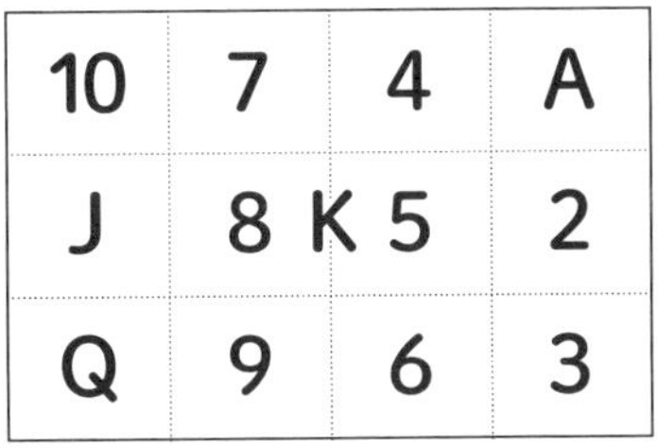

10	7	4	A
J	8	K 5	2
Q	9	6	3

図142

② 通信と解読

文字の頻度と暗号解読

文字というものは、それが出来たそもそもの時点で、すべて暗号文書だったとも言える。西欧世界での文字の起源はエジプトの象形文字であるとされるが、これは僧侶が一般の人民には読めないように秘密の呪文を書いたものだったようであり、中国の文字も支配者が自分たちだけで利用できるようにしていた時期、つまり情報を独占していた時期があったという。

したがって古代の王や僧侶は人民が文字を覚えるのを嫌ったが、自分の命令を伝えるのに、音声より文字が効果的であるのがわかるにつれ、人々に情報伝達や記録の手段としての文字は急速に広まった。

アメリカのエドガー・アラン・ポーが小説『黄金虫』を書いたのは1843年のことだったが、その中に次のような話が出てくる。

レグランドという人が海岸で黄金虫を捕らえ、それを包むために何気なく海辺に落ちていた羊皮紙を拾う。この羊皮紙は、重要文書などを書き残すのにたびたび使われたものである。

それがふとしたことで、ストーブの火で暖められ、そこからドクロの絵が現れる。気味悪かったが興味を持ったレグランドはなおもその羊皮紙を丁寧にあぶる。すると先ほどのドクロの反対側にヤギの絵が現れる。彼はその昔、キッド（kid: 子ヤギ）という有名な海賊がいたことを思い出し、この紙は海賊の残した文書かも知れないと考える。

なお続けて火にあぶると、図143のような暗号が現れる。レグランドはこの後、非常に苦心してこの暗号を解読し、この暗号文はキッドが一生かかってためた財宝の隠し場所を記したものであることがわかる。こうして彼はついに、150万ドルの宝を手中にする。

この『黄金虫』は非常に著名な話なので、暗号の話で最も知られているものであろう。

この物語でレグランドは、この暗号を次のような推理をして解いていく。

図143

まず、暗号文に含まれている符号を数えると、「8」が33個、「；」が26個、「4」が19個、「‡」が16個などとわかる。

ところで、英語で最も多く使われる文字はｅである。だからもし、この暗号文が1つの英字を1つの符号で置き換えたものとすれば、最も多く出て来た8はｅではないかと推測することができる。これをもとにして再度暗号文を見ると、8が2個続く箇所があり、これは英語でmeetやseeなどのようにｅが2度続く場合があることと一致する。さて、8がｅだとしたときに、ｅを含む単語でもっとも多く使われるものはtheである。そこで8で終る3連の符号を調べると、「；48」がこの文の中に5回も出る。そこで彼は「；48」がtheであろう、と推論する。

レグランドはこのようにして暗号文を解いていったのである。

この物語はもちろん小説であるが、ポーがこの物語の中で試みた暗号の解読法は最も正統派の方法と言ってよいものだった。

暗号を解けるのは、通常はその解法を知っている一部の人に限る。それは、マジックの種を一部の人だけが知っていることと共通しており、暗号は驚きの芸術であるマジックと一脈通じているのである。実際、暗号による通信はマジックでのさまざまな種仕掛けと類似している。

さて、暗号の最もやさしいものは「転置法」で、文字の順序を入れ換えるだけである。「あす2じに　よこはまえき　きたぐちにいけ」を2字ずつの転置法で暗号文にすれば、「すあじ2よ　にはこえまき　きぐたにちけい」となり、これだけでも部外者にはなかなかわからないが、転置の方法を打ち合わせてあれば、すぐ読み取れる。

古典暗号の形式は大きくわけて、換字式、転置式、分置式、約束語、隠文式、混合式の6つがあるとされる。どの形式の暗号でも、その解読には、元の文に使われた言語の一般的な知識のみならず、統計的に見た言語使用量の資料も必要とされる。

同じ文字の使われる割合を百分率で表したものを、その文字の頻度という。たとえば、ニューヨーク・タイムズが10万文字について文字の頻度を調査したところでは、

①E …… 12.25%	②T………9.41%	③A………8.19%
④O………7.26%	⑤I………7.10%	⑥N………7.06%
⑦R………6.85%	⑧S………6.36%	⑨H………4.57%
⑩D………3.91%	⑪C………3.83%	⑫L………3.77%
⑬M………3.34%	⑭P………2.89%	⑮U………2.58%
⑯F………2.26%	⑰G………1.71%	⑱W………1.59%
⑲Y………1.58%	⑳B………1.47%	㉑V………1.09%
㉒K………0.41%	㉓X………0.21%	㉔J………0.14%
㉕Q………0.09%	㉖Z………0.08%	

の順だという。

日本語で漢字の使われる頻度は、新聞・雑誌・書籍・官公庁文書など、その性格によって大きく違っている。概していうと、多い方から、①一、②日、③十、④二、⑤大、⑥三、⑦人……という順のようである。

ところで、暗号については、第2次世界大戦のころからコード・ブック（単語と数字の対応表）と乱数式（一定の規則で乱数を選んで加える方法）の2つの方式をあわせて使われるようになった。現代ではコンピュータの発達とともに暗号の処理単位が文字からビットになり、処理の能率が大幅にあがっている。

読み取り板を使った解読

演技者は、観客に言う。

「私たちの生活の中には、他人には知られたくないけれども、特定の相手だけには知らせたい情報というものがあります。実は、そういう情報を相手に知らせるちょっとした解読方法があるのです。ひとつ、やってみましょう。何か伝えたい要件を、この紙に書いてください」

観客は演技者からペンと紙を受け取って、そこに何かを書き、演技者に渡す。それを手にした演技者は、

「この文を私がこのマス目に、特別な方法で書いてみます。少し待ってください」

と言ってある記入法で図144のように書く。

ン	ン	ウ	シ	ヒ	ユ	ン	七
ヨ	デ	バ	ジ	サ	ク	ン	フ
ク	ク	タ	カ	テ	ウ	シ	ラ
チ	ル	ン	ン	ツ	ン	ン	ト
テ	ヤ	ロ	ツ	ヤ	ノ	ジ	セ
ソ	四	イ	ユ	イ	ノ	エ	ゼ
イ	ニ	ホ	テ	ハ	ガ	ヤ	ハ
カ	マ	ス	ガ	ツ	ニ	コ	ホ

図144

「この文字表を外部の人に見せた場合、読める人はまずいないでしょう。ところで、このあと、この部屋に私の助手が入ってきます。彼なら読めるでしょう」

助手が入ってくる。

「この表を解読してください」

助手はポケットから1枚の板を取り出して、それを使い、

「文は次のようです……本社の最新型翻訳ソフトは十月十六日から全国の百貨店で四万七千円にて発売する予定」と読んだ。

観客は、「なるほど、これは面白い方法ですね」と感心した。

演技者と助手はどんなものを使ったのだろうか。

準備と種明かし

この暗号読み取りにはグリル板と呼ばれるものを使う。これは少し厚めの正方形の紙に、図145のように16個の穴をあけたもので、これを演技者と助手の二人が持つ。

はじめに、これを白紙の上にあてて、鉛筆で外枠を縁取りしておく。文章の縦書き・横書きは自由に決めてよいが、縦書きの場合、右の穴から文

を書きこんでいく。右から左に16文字を書き終わったら、グリル板を矢印の方向に90度回転して、前に縁取りしたところに合わせる。すると新しい穴の中には、前に書き込んだ文字が1つも見えないはずである。そこで、また右から縦書きに文を続けて書いていく。これが一杯になったら、また90度同じ方向に回転する。このようにして結局64文字をはめ込むことができる。グリル板を外してこの表を見ても、まず何のことだかわからないはずであるが、受け取った方が、グリル板を上記の順序に当てて読めば、楽に読めるわけである。

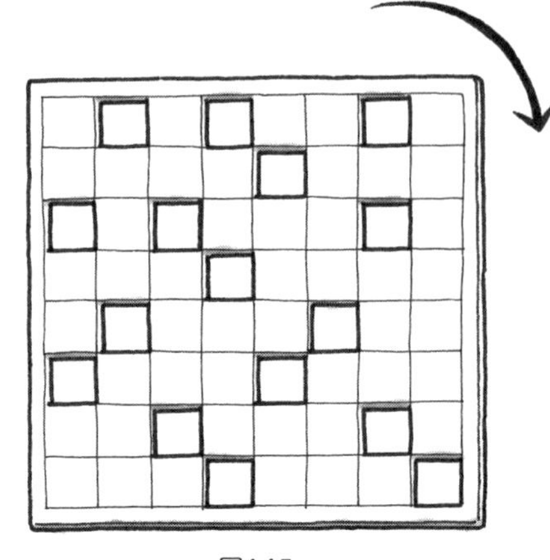

図145

なお、暗号の文に漢字を含めると、他人が内容を推量しやすくなるので、文字は全部かなで記入していく方がよい。この暗号は転置式の1つであって、この発案者はオーストリアの退役軍人だったフライスナー（Fleissner）とされている。

この方式は従来いちいち手で記入しなければならないのが欠点とされたが、この程度のものは現在はコンピュータで簡単に並べ換えができる。

VI

ゲーム必勝の
マジック

彼女はつかまったか

演技者は友人に図146が描いてある紙を示す。

「ちょっとしたゲームをしよう。この図の1のところに女性がいる。彼女は50円玉にしよう。3のところに男性がいる。これは100円玉にしておく。彼氏は彼女をつかまえたい。彼氏が先手でこの図の中を1区間ずつ追っていく。1の彼女はいやなので、1区間ずつ逃げていく。互いに1つずつ動いていって、はたして彼女をつかまえることができるだろうか」

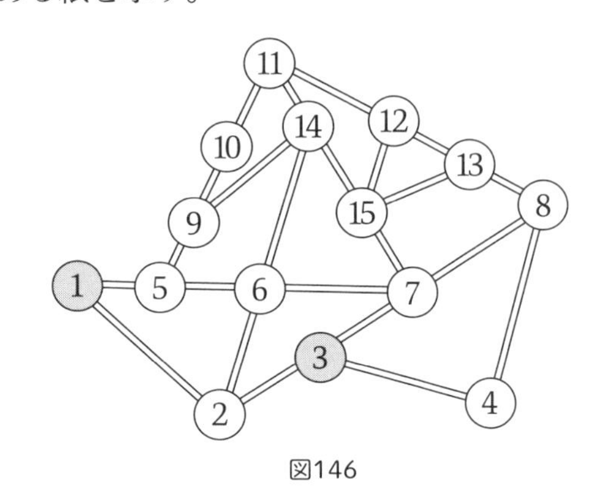

図146

友人は「できそうだね」などと言う。

演技者は「君は彼女になるか彼になるか、好きなほうを選んでくれ。彼女になったらつかまらなければ勝ち、彼氏になったらつかまえれば勝ちだ。君が勝ったら、君に今日の昼食をおごろう。ぼくが勝ったら、コーヒーを一杯おごってもらおうか」とでも言う。

友人は彼氏になって、例えば3→2と100円玉を動かす。演技者は彼女役で1→5と逃げる。彼氏が次に6に追えば、彼女はまた1に帰る。5に追えば、2に逃げる。1に追えば6に逃げる。2に追えば5に逃げて始めと同じになって、到底つかまりそうもない。これで相手があきらめたら演技者の勝ちである。

今度は演技者が彼氏になれば、間もなく彼女はつかまってしまう。結局ほとんどの場合、演技者は友人の支払いでコーヒーを飲めるだろう。さて、その種は？

準備と種明かし

これは追う方に特別な勝ち方がある。それは3にいる彼氏は、彼女にかかわらず、自分の番のときに3→7→15→12→13→15と進めば、今度は彼女がどこにいようと必ずつかまえることができる。この秘密は、12→13のコースを一度通って来さえすれば、必ずつかまえられるのである。しかし、12→13のコースが彼女と彼氏の始めの位置から遠いので、相手が彼氏役になっても、普通は気がつかない。

みやまくずし(ニム)

演技者は言う。
「私は勝負ごとに弱いんです。たいてい負けてしまう。けれど面白いことに『みやまくずし』だけは勝つんです」
「みやまくずし？　それはどんなゲームですか」
「これは昔から碁石でやったのです。ここには碁石がないのでマッチ棒で代えますが、それを適当にとって3つの山を作ります。2人で対戦するのですが、まず先手がこの3つの山のどの山からでもいいので、好きな数のマッチ棒を取ります。取るのは1つの山からに限るので、2つの山から取ってはいけません。1つの山からなら、全部取ってしまってもいいのです。次に後手がこれもまた、どの山からでもいいので好きな数のマッチ棒を取ります。このようにして、2人が交互にマッチ棒を取っていくとマッチ棒はだんだんと少なくなります。勝負は最後の1本を取った方が勝ちになります」
「なるほど、ルールは簡単ですね。やってみましょう」
相手は演技者とゲームをする。何回やっても演技者の勝ちになる。

準備と種明かし

このゲームは日本ではかなり古くから知られているものである。

取るものとしては実はやはり碁石がやりやすい。マッチ棒でもできるが、演技者が必ず勝つためには、1回ごとに取った数や残り数を確認する必要があり、取り扱いやすさから言っても碁石の方が勝っている。

さて、演技者はマッチ棒（または碁石）を用意するが、テーブルの上に3つの山にする動作は相手にさせる。

3つの山ができたら、演技者はなるべく早く、それぞれの山に含まれているマッチ棒の数を確認する。

そして、相手に「先に取りたいですか。後から取りたいですか」と聞く。マッチ棒が多い段階では、相手がどちらを選んでもだいたい大差はない。

各山の残りが10本程度になったころから、慎重にする必要が出る。演技者は自分の番になったとき、3つの山のマッチ棒の本数を次のどれかにできれば、演技者が勝つ形になる。

（1、2、3）（1、4、5）（1、6、7）（2、4、6）
（2、5、7）（3、4、7）（3、5、6）

上記のような形を「必勝パターン」と呼ぶことにしよう。

相手が取ったあとの残りを見て、それから演技者は何本を取れば必勝パターンになるかを考え、その本数だけを取る。最後に近くなると3つの山の数が少なくなるが、必勝パターンからは、相手がどれかの山全部を取り去っても、残りの2つの山の数は異なっている。その時、演技者は多い方の山から、2つの山の数の差だけを取り去るのである。そうすれば相手の番になって相手が取った数と同じだけを残り山から取り去れば、最後は必ず演技者自身が取ることができるわけである。

なお、このゲームは「みやまくずし」や「ニム」と呼ばれ、最後の1つを取った方が負けになるものもあるが、これは必勝までの手続きがやや複雑になるので、本書では省略した。

前進ゲーム

演技者は言う。

「前進ゲームという、すごく単純なルールなのに、結構面白いゲームがあります。将棋盤の端の3列を使います。将棋盤がないときは、紙に3×9のます目を作ればよいです。このます目に碁石でも、将棋の駒でも、コインでも何でもよいのですが、3つずつ置きます。これを交互に動かし合います。動かし方は前後だけでいくつ動かしてもかまいません。動けなくなった方が負けです。ルールはこれだけで、ものすごく単純です。でも実は、だいたい私が勝つんです。」

「ふーん。じゃあ、やってみましょうか」

演技者は相手とゲームを始める。ところが何度やっても演技者が全勝である。

準備と種明かし

始めは図147のように駒を置く。盤の目は9並んでいるから、白の碁石と黒の碁石の間は7、5、3となっている。双方前進だけしている場合は、前項2の「みやまくずし」とほとんど同じで、ただ始めの数がこの3つというだけである。

必勝法は、白と黒の間隔の数をみやまくずしの必勝パターンになるよう動かせばよい。

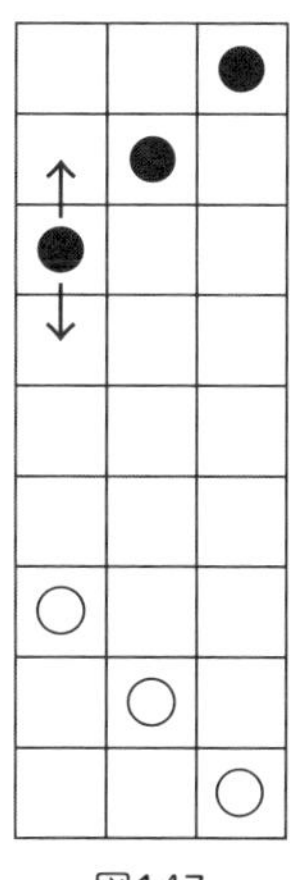

図147

VII

論理のマジック・パラドックス

人間の思考の中には、一般的な見解と矛盾するような考え方や、外見上、真でも偽でもあるような命題が存在する。これらはパラドックス（paradox）と言われ、数学のように問題に対しての正解が厳密に規定できる分野においても、奇異な結論を引き出す場合があり、マジックから受ける印象と共通性を持つことも多い。ここではその一部を紹介する。

論理のパラドックス

ゼノンのパラドックス

パラドックスの中で最も著名なものは、古代ギリシャの哲学者ゼノンが述べた、次の3つの逆説だろう。

① ある点からある点まで行くのには、まずその中点を通らなければならない。さらにその中点と終点の中点を通らなければならない。こうして無限に多くの点を通らなければならないから、ついに終点に達することはできない（図148）。

② アキレスと亀が競争するとき、ハンデとして亀はアキレスよりも少し前からスタートする。ところが、アキレスは亀より速いのに、追いつくことができない。なぜなら、アキレスがもと亀のいたところまで来たときには、亀は前の位置より前進している。次にまたアキレスがそのとき亀のいたところまで来たときには、亀はまたどれほどか前進している。したがって、アキレスが亀に追いつくことはない（図149）。

③ 飛んでいる矢を考えてみると、ある瞬間において矢は静止している。それは、どの瞬間も変わらない。したがって、矢は運動することはできない。

図148　図149

これらは、いずれも後世に「無限」についての考えが発達したあとで、論理上の不合理性の指摘が可能になって解決できたものである。

白は黒である

演技者は友達と話している。
「白を黒と言いくるめる、っていう言葉があるけれど、白と黒が同じという説明ぐらいなら、ぼくだってできるよ」
「え、ほんとう？　どんな風に説明するの」
「つまり次のようなことだ。まず、君も知っている通り、3たす5は8だ。ここで“たす”を『＋』、“は”を『＝』で表すことができるから、この等式は『3＋5＝8である』と言える」
「そんなことは当たり前だよ」
「さて、白い馬は馬だ。“は”は『＝』で表すことができるから、

　　白い馬＝馬

となる。これを（1）とする。
同じようにまた、黒い馬は馬だ。これも当然なので

　　黒い馬＝馬

となる。これを（2）としておこう」
「？」
「（2）の左辺と右辺を交換すれば、

馬＝黒い馬
となる。これを（3）とする」
「何だかおかしいな」
「そこで、（1）と（3）から、
白い馬＝馬＝黒い馬
と言えるわけで、両端の項をつなぐと、
白い馬＝黒い馬
となる。
結局、白＝黒というわけだ」
「……？」

算術のパラドックス

買い物の詭弁

買い物の代金や釣り銭をごまかす話は一見もっともらしいものが多い。料金が消えてしまったような印象を与えるものもあるが、きちんと計算すれば詭弁だとわかる。ここでのやりとりは落語の「壺算」を基にしている。

時計屋の店先。レジがこわれていて店主は代金を入れる箱を用意している。
そこに客が来る。
店主「いらっしゃいませ」
客「壁かけ時計をちょっと見せてください。ここにかかっているのは、みんなそうですね」
店主「どうぞご覧ください。どれにいたしましょう」
客「これはいくら？　ああここに出ていますね」
店主「それは4300円です」

客「4300円……4000円に負けられないかな」
店主「何しろもう大分安くなってしまっておりますので……仕方ありません。おまけしておきましょう」

客は4000円を渡す。店主は代金を箱に入れ、時計を袋に入れて客に渡す。客は店を出ようとするが、思い出したように戻って来る。

客「ちょっと待てよ、この大きさのものは家にひとつある。もうひとまわり大きいものを買うんだった」
店主「お客さん、何かお忘れ物でも……」
客「いや、忘れ物じゃないんだ。もう少し大きい時計を買うことにしていたんだ。取り替えてもらえますか」
店主「はい、どうぞいろいろご覧ください」
客「これはいくらだい」
店主「こちらの方が上等で、8600円です」
客「8千と6百……8000円にしといてくれないか」
店主「いいでしょう」
客「そうすると、さっき4000円渡したね」
店主「はい、いただきました。ここにまだございます」
客「それから、さっき買った時計だが、すまんが4000円で引き取ってくれないか」
店主「そりゃあもう、今お持ちになったばかりですから、4000円で頂戴いたします」
客「そうすると、合計8000円だから、それでいいね」
店主「そうですね。どうもありがとうございます……お客さん、ちょっとお待ちください。やはり、ちょっとお金が足りないようなんで……」
客「時計屋さん、変なことを言いっこなしにしようぜ、ともかく計算してみな、計算を……」
店主「はい、どんなふうに」
客「前に、あんたに4000円渡しただろう」
店主「はい、4000円頂戴いたしました」

客「この時計を4000円で引き取っただろう」
店主「そうですね」
客「それでいくらになる」
店主「ええと、合わせて8000円。ええ、やはり8000円だ、どうも変だな。
どうなったんだか、わからなくなっちゃった。お客さん、すみませんが、
はじめの方の時計をお持ち帰り下さいませんか」
客「この時計を持っていって、どうするんだい」
店主「こっちの4000円をお返しいたしますから」

ドーナッツの珍算術

昭和20年代に日本で上映されたアメリカ映画に『凸凹海軍の巻』というのがある。その中に計算のパラドックスが出てくるので紹介しよう。

軍艦の中でコックの水兵が一生懸命ドーナッツを作っている。やっと出来上がったところに他の水兵が現れて、
「うまそうだなあ、1ついただいてみよう」
と1つ失敬しようとする。驚いたコックが
「だめだめ、俺の受持ちの士官は7人で、その一人一人に13個ずつ、全部で28個きっちりしかないんだから、1つ取っても足りなくなる」
と言う。言っている計算が変なので、
「28個を7人に分けて13個というのは変じゃないか」
「いや、それでいいんだ」
「いやおかしい」
「そんなら黒板で計算してみよう」
ということになって、調理場のすみにあった黒板で、コックの、図150のような計算が始まる。

図150

そこに同僚の水兵が何人か来て、この議論を見物す

ることになる。
　まずドーナッツは28個作ったんだから、というわけで、真ん中に28を書く。次に受持ちの士官は7人だからと、その左に7と書く。さて割り算に入るのだが、最初の数字の2は7で割れないから、と言って、コックはその数字を相手の水兵に預けておく。そして次の8を7で割ると右に1が立って、7を引いて1が残る。そこで前に預けてあった2を返してもらうと残りは21になり、これを7で割ると、ちょうど右に3が立って割り切れる。
「どうだ、答えは13じゃないか」
見物の水兵はどっと笑うが、相手の水兵は驚いて、
「どうもおかしい。それなら掛け算でやってみよう。13に7を掛けたって28になるもんか」
という。
「なるよ」
コックは図151のような計算を始める。
　まず3と7を掛けて21、次に1と7を掛けて7と、コックはこの7を右図の位置において計算すると、答えはやっぱり28になってしまう。

図151

　見物の水兵たちは大喜びであるが、画面の水兵はますます躍起になって、
「そんなら足し算でやってみよう。こんどこそ、28にはならないぞ」というわけで、13を7つ縦に並べて図152のように書く。
「俺が足してみるよ……まず3の方だ、3、6、9、12、15、18、21だ」
「今度は俺が引き取る、さっき21だったろう、これに左の1の方の列を足せばいいわけだ」と言って、
「22、23、24、25、26、27、28。やっぱり28じゃないか」

図152

ということになって、見物の水兵の大笑いのうちにこの場面が終わる。

これはちょっとした計算のマジックである。つまり最初の割り算では、28の中に7が1回と3回あったわけで、結局、1＋3＝4回あったのであるが、これを13と読んでみせただけである。

次の掛け算も、3×7＝21までは正しいが、次の1×7は、実は10×7であるのをそのまま1×7としてこれを一の位のところに書いてしまったのにすぎない。

最後の足し算も同様で、3が7つで21までは正しいのであるが、その次に十の位の1をそのまま普通の1として計算したので、答えがまたもや28となったというわけである。

目茶苦茶な家庭教師

A君は大学生だが、数学は極端に苦手である。アルバイトとして、ある小学生の家庭教師をすることになり、次のような計算問題の解き方を聞かれた。

① 3×2×1を計算しなさい……A君は　○○○　と　○○　と　○　を掛けるということで数えようと思ったが、うまくいかない。結局「○の数を数えれば、6になるよ」と言ったのである。幸いに解答では6になっていた。

② $3\times1\frac{1}{2}$を求めなさい……これは整数×帯分数の問題であるが、A君はよくわからない。ええい、面倒だ、足してしまえ、と整数部分を足して4とし、分数部分を追加して$4\frac{1}{2}$としてしまった。これも幸いに解答は$4\frac{1}{2}$だった。

③ $\frac{49}{98}$を約分しなさい……この問題では、約分の方法がわからなかったため、分母と分子の両方に含まれている9を斜線で消したところ$\frac{4}{8}$となった。この分数を$\frac{1}{2}$に約分する方法は何とか知っていたので、そう教えたが、これも解答書の答えが$\frac{1}{2}$になっていて、ぼろを出さずに済んだ。結局、偶然答えが合っていたので、何とか助かったわけである。

17頭のアラビア馬

金持ちのアラビア人についての古いパラドックスに次のものがある。

彼が死んだときには、その3人の子どもに17頭いる馬を分けてやる遺言が残されていた。父親は、長男に2分の1の馬を、次男に3分の1の馬を、三男に9分の1の馬を取るように指定していた。

3人は当惑した。肉屋でも呼ばなければ、17頭の馬についてこの分け方ができないことは3人ともすぐ分かったからである。

結局、年を取った賢い知人に相談することにした。その人は、分かりにくい問題を解決するのに、マジック的方法をうまく使える人だったのである。その知恵者は、彼らの悩みを解決してくれることを約束した。

翌日、彼は自分の馬を1頭引いて馬小屋にやって来た。17頭の馬にこの馬を加えて、兄弟たちに遺言の通り取るように言ったのである。長男は18頭の半分の9頭、次男は3分の1の6頭、三男は9分の1の2頭を取ったあと、老人は自分の馬を引いて帰って行った。

問題はきれいに解決されたようだが、これで良かったのだろうか。

どちらの昇給が得か

演技者は友達に次の話をした。

「こんな話があるんだ。不景気でAホテルは経営が苦しくなり、従来のような昇給は難しくなったそうだよ。Aホテルは珍しく年俸制度を取っていて、ボーナスはなかったが、今まで年功序列給も併用していたんだ。ホテルの支配人は、新規採用の3人の従業員に次のように言った。

『君達の給与は、まず最初は年間200万として、半年ごとに支払うことにする。もし君たちの働きぶりが良好なら、景気の悪い今だが、昇給を約束しておくが、年に30万円昇給するのと、半年ごとに10万円昇給するのと、どちらが良いかね』

3人のうち2人は、もちろんすぐ初めの条件を希望した。あと1人はどうしたことか2番目の条件を希望した。ところが、あとの条件を選んだ1人は、数年後に2人よりも良い給与になったんだ。

君はどう思う？　前の2人の給料の方が多くなるんじゃないだろうか」

友達は少し考えた。結局わからなかったので、説明をしてあげたのだが、つくずく数字は妙なものだと思ったのだった。

種明かし

この支配人の出した条件を見ると、一見前者が得なようだが、そうではない。初めの2人は半年ごとの10万円昇給は、1年20万円の昇給と同じことだと思ったのだが、あとの1人はこの問題の全ての条件を詳しく考えたのである。

彼が考えたように2つの場合を並べた場合、年間の給与は次のようになる。

	年間30万円の昇給	半年毎10万円の昇給
1年目	100万円＋100万円＝200万円	100万円＋110万円＝210万円
2年目	115万円＋115万円＝230万円	120万円＋130万円＝250万円
3年目	130万円＋130万円＝260万円	140万円＋150万円＝290万円
4年目	145万円＋145万円＝290万円	160万円＋170万円＝330万円

幾何のパラドックス

不等辺三角形は二等辺三角形である

不等辺三角形ＡＢＣの頂角の二等分線と、底辺ＡＣの垂直二等分線の交点をＯとする。

まず、図153のようにOが三角形の内部にある場合には、三角形ＡＤＯとＣＤＯとは合同になるから、ＡＯ＝ＣＯになる。

ここでOから辺ＡＢ，ＣＢに垂線ＯＥ，ＯＦを下ろせば、2つの直角三角形ＢＯＥとＢＯＦとは、斜辺が共通で、1つの角は等しいから合同になる。

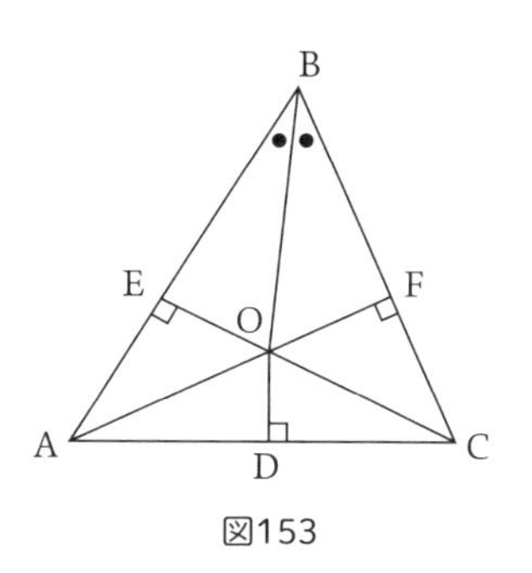

図153

したがって2つの直角三角形ＡＯＥとＣＯＦとは、斜辺と一辺とが等しいから合同になる。したがって、ＢＡ＝ＢＣになる。

次に、図154のようにOが三角形の外部にある場合には、三角形ＡＤＯとＣＤＯとは合同になるから、ＡＯ＝ＣＯになる。

ここでOから辺ＡＢ，ＣＢに垂線ＯＥ，ＯＦを下ろせば、2つの直角三角形ＢＯＥとＢＯＦとは、斜辺が共通で、1つの角は等しいから合同になる。

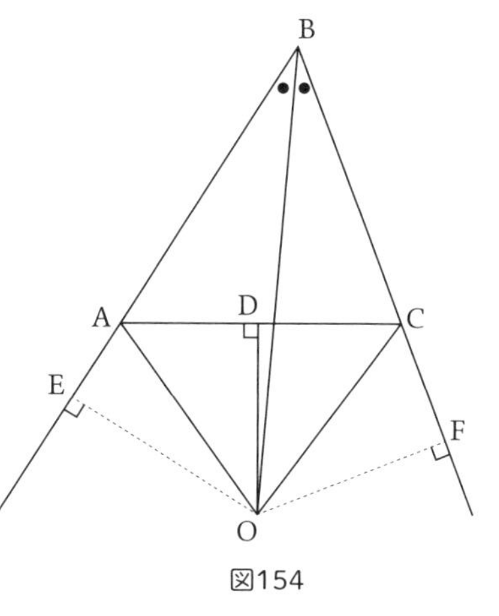

図154

したがって2つの直角三角形ＡＯＥとＣＯＦとは、斜辺と一辺とが等しいから合同になる。したがって、ＥＢ＝ＦＢ、ＥＡ＝ＦＣになる。辺々引いて、ＢＡ＝ＢＣになる。

これは当初の図形の定義と反するが、どうしたのだろう。

大円と小円の周の長さは等しい

図155の大きな円は直線ＰＱにそって、すべることなしに1回転したものである。さて、小さな円は大きな円に固定してあるので、や

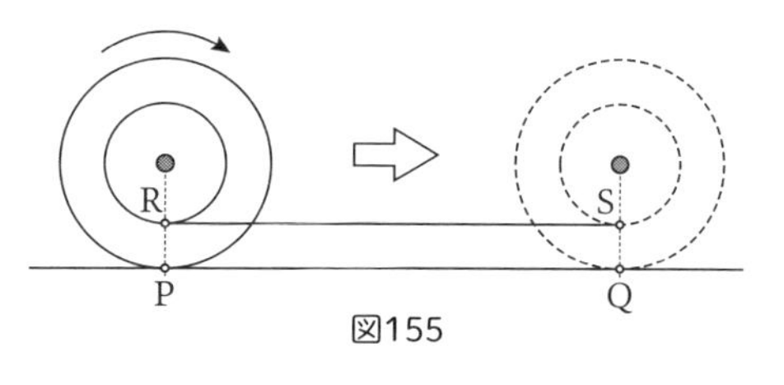

図155

はり1回転する。それゆえ、ＲＳの距離は小さな円の周と等しい。

ＲＳとＰＱは等しいから、2つの円の周は等しい。こんなはずはないのだが？

代数のパラドックス

1は2に等しい

aとbとを等しい数とすれば、

$$ab = a^2$$

$$ab - b^2 = a^2 - b^2$$

$$b(a - b) = (a + b)(a - b)$$

ゆえに両辺をa − bで割って

$$b = a + b$$

ここでa=bだからbをaに置き換えて

$$a = 2a$$

したがって、1 = 2である？

猫の足は7本？

2つの等式の左辺同士、右辺同士を加えても等式は成立する。

さて、猫について考えよう。

ある1匹の猫には4本の足があるので、

1匹の猫の足の数＝4本

は成立する。

この猫について、左辺と右辺を交換すると、

4本足の猫＝1匹

これを(1)とする。

また、3本足の猫は世界中に存在していない。したがって

3本足の猫＝0匹

これを(2)とする。

(1)、(2)の左辺同士、右辺同士を加えれば、

7本足の猫＝1匹

となる。

したがって、ある1匹の猫の足は7本である？

半ドルは5セントである

1ドルは100セントである。つまり

1ドル＝ 100セント

この両辺を4で割れば

$\frac{1}{4}$ドル＝25セント

この両辺の平方根をとれば

$\frac{1}{2}$ドル＝5セント

になる？

5 確率のパラドックス

40人の中には同じ誕生日の人がいる

40人ほどのある集まりで、演技者が言う。

「この中に同じ誕生日の人がいるでしょうか。ちょっと予想してください。

まず、同じ誕生日の人がいると思う方は手をあげてください。はい、あまりいませんね。同じ誕生日の人はいないだろうと思う方は手をあげてください。やはり、こちらが多数のようですね」
「私は数のマジックについて調べているのですが、この人数では、たいてい誕生日が同じ人がいるのです。そんなことがあるものかと思う人のために、すみませんが、ちょっと調べさせてください」
「まずはじめに1月生まれの方、手をあげてください。あなたは何日ですか。あなたは……」
「では次に2月生まれの方、手をあげてください。あなたは何日ですか……」
「3月生まれの方……」
と順々に聞いていく。すると途中で、同じ誕生日の人がいることがわかるのである。

種明かし

信じられないことかもしれないが、確率を計算すると、40人の集まりでは、3組ぐらいは同じ誕生日の人が出ることが多い。

2人で誕生日が一致しない確率は$\frac{364}{365}$で、一致する確率は1からそれを引いたものである。

3人では$\frac{364}{365}\times\frac{363}{365}$であり、4人では$\frac{364}{365}\times\frac{363}{365}\times\frac{362}{365}$である。

以下、このようにして計算していくと、23人までは一致する確率は0.5より少ないが、24人からは0.5を越すのである。30人で約0.7、40人で約0.9となり、まず「1組はある」と言える可能性が高い。60人の集団では、まず間違いなく誕生日の同じ組が存在すると言えるくらい高い確率である。

ポーカーの手

演技者は仲間とポーカーをしている。
「どうですか。ゲーム以外で簡単な賭けをしましょう。カードをよく切って5枚配ったとき、偶然ワンペアになるときと、ツーペアになるときの割合は、あなたなら、何対いくつくらいだと思いますか」
「そうですね。ワンペア7回について、ツーペア1回ってとこかな」
「それでは、カードを配りましょう。ワンペアに賭けた方の人はそれにコイン1枚、ツーペアはコイン7枚とすれば、見込みは同じですね。あなたはどちらを取りますか」
「ツーペアにしましょう。出たらあなたが私に7枚くれるんですね。あなたがワンペアなら、あなたに1枚渡す。これで良い」
　この賭けは果たしてどちらの人が有利なのだろうか。

起きる確率

　ジョーカーを除き、カードの順を計算に入れなければ、トランプ52枚のうち5枚を配ったときの組み合わせは259万8960通りである。
　そこで確率の計算の結果、それぞれの役の出現の率について次のことが知られている。
①ロイヤルストレートフラッシュ
（同じマークのエース、キング、クイーン、ジャック、10）
4通り…1/649,740
②ストレートフラッシュ（同じマークの連続した番号）36通り……1/72,193
③フォーカード（同じ数のカード4枚）　624通り………1/4,165
④フルハウス（スリーカード＋ワンペア）　3,744通り…………1/694
⑤フラッシュ（同じマークのカード5枚）　5,108通り…………1/509
⑥ストレート（違うマークの連続した番号）　10,200通り…………1/255
⑦スリーカード（同じ数のカード3枚）　54,912通り……………1/47
⑧ツーペア（ワンペアが2組）　123,552通り……………1/21
⑨ワンペア（同じ数のカード2枚）　1,098,240通り…………1/2.4
　このことから計算すると、ツーペアの起こる確率は、ワンペアの起こる確率のおよそ9分の1であるから、上記の賭けはワンペアの方が有利になる。

2人目の男の子

「あなたにこれから言うことの確率を考えて頂きたいんですが、いいでしょうか」

相手は承諾する。演技者は次の話をする。

「A氏は先日、ぼくには2人の子どもがいるんだよ、と話していました。B氏の話では、A氏の家には少なくとも1人男の子がいることは間違いないそうです。では、残る1人の子どもが男の子である確率はどれほどでしょうか？」

相手は「それは2分の1ですよ。簡単なことだ」と言う。

演技者は、

「ところが、そうでもないんです」と言い、その説明をした。相手は自分の判断が間違っていることを知って驚いた。

種明かし

演技者は次のような説明をしたのである。

「子どもが2人で男を含む場合は、可能性の等しい組み合わせには、男男、男女、女男の3通りがあるんです。男男はただの1通りに過ぎないのですから、この場合の確率は3分の1なんですよ」

しかし、仮にB氏が「上の子どもは男だ」と言った場合は事情は全く異なってくる。この場合の組み合わせは、男男、男女の2通りだけになり、残るもう1人が男である確率は2分の1になる。

サンクトペテルブルクのパラドックス

演技者は観客に話す。

「いろいろなパラドックスの中でも特に有名なものに、サンクトペテルブルクのパラドックスがあります。このパラドックスは、有名な数学者のベルヌーイがサンクトペテルブルクに住んでいたころ、ある学術雑誌の中で発表したものです。いま、私が1枚のコインを投げて、これが表向きに落ちたらあなたに100円を差し上げる約束をすることにしましょう。裏向きになったら、私はもう一度投げ直して、2回目に表向きに落ちたらあなたに200円を支払うものとします。それでもなお、また裏が出たら、私は3回目の投げ上げを行って、表を向いたら400円差し上げることにします。つまり、私はコインを投げるごとに罰金を倍増しにしてそれを支払うことになるまで続けていくわけなんです。さて、ところで、あなたは、このゲームの参加費用をいくらにしたら、2人の損得がないようにバランスが取れると思いますか」

観客は「そうですね。1500円ってところかなあ」

演技者は言う。

「答えは、ちょっと信じられないことですが、あなたがいくら莫大な金額を決めても、あなたが有利なんですよ。たとえば100億円賭けても、あなたが得なんです」

観客は信じられない様子だったが、演技者の説明を聞いて、なるほどと納得したのである。

種明かし

演技者の説明はこうである。

「あなたがこのゲームに参加したときには、どの1ゲームにおいても、あなたが100円をもうける確率は2分の1なんです。そして200円をかせぐ確率は4分の1、400円をもうける確率は8分の1、800円をもうける確率は16分の1……というわけで、あなたがもうけられる見込み額の合計は、

$(100\times\frac{1}{2})+(200\times\frac{1}{4})+(400\times\frac{1}{8})+(800\times\frac{1}{16})+\cdots\cdots$となります。

ところが、この無限数列の合計は無限大です。だからあなたが、このゲームの参加費用としてどんなに莫大な金を私に先払いしても、もしも十分な回数のゲームを重ねれば、あなたは結局勝つ場面が来るでしょう」

と言うわけである。

ただし、これは演技者が無限の資金を持ち、またこの観客と演技者が無限回数のゲームを行えると仮定しての話である。現実には演技者や観客の持つ資金は有限額なので、ゲームの回数も有限回で終わってしまう。

参考文献・出典一覧

安部元章『続：数とソロバン』大紘書院、1943年
坂本種芳『奇術の世界』刀書房、1943年
藤村幸三郎『最新数学パズルの研究』研究社、1948年
矢野健太郎『数学風景』文藝春秋新社　1949年
森本清吾『数学考へ物と数学遊戯』牧書店、1949年
柴田直光『奇術種あかし』理工図書株式会社、1951年
平山　諦『東西数学物語』恒星社、1959年
ジョージ・ガモフ、マーヴィン スターン著、由良統吉 訳『数は魔術師』白楊社、1959年
マーチン・ガードナー著、金沢 養訳『数学マジック』白楊社、1960年
マーチン・ガードナー著、金沢 養訳『現代の娯楽数学―新しいパズル・マジック・ゲーム』白楊社、1960年
E.P. ノースロップ著、松井政太郎訳『ふしぎな数学―数学のパラドクス』みすず書房、1963年
石原清彦『トランプ手品』日東書院、1963年
武田真治『数学ゲーム』日本文芸社、1967年
斎木　深『不思議な心理学』KKベストセラーズ、1980年
相賀徹夫『日本大百科全書』小学館、1985年
織田正吉『ジョークとトリック』講談社、1986年
仲田紀夫『数学トリック＝だまされまいぞ！』講談社、1992年
一松　信『暗号の数理』講談社、1993年
中村　弘『マジックは科学』講談社、1993年
三田皓司『メンタルマジック』東京堂出版、1995年
H. E. Dudeney, Amusement in Mathematics, (Nelson Co., Ltd. ,1935)
W. W. Rouse Ball, Mathematical Recreations and Essays. (MACMILLAN AND Co., Ltd. , 1949)

改訂版　参考文献

高木茂男『Play Puzzle パズルの百科』平凡社、1981年
高木茂男『Play Puzzle Part2 パズルの百科』平凡社、1982年
高木茂男『パズル流発想術』ダイヤモンド社、1988年
Martin Gardner, Mathematics, Magic and Mystery (Dover Recreational Math), (Dover Publications, 1956)
Hugo Steinhaus, Mathematical Snapshots (Dover Recreational Math), (Dover Publications, 2011, 3 edition) (H. ステインハウス著、遠山 啓 訳『数学スナップ・ショット』紀伊國屋書店、1976年)
Sam Loyd, Sam Loyd's Cyclopedia of 5000 Puzzles Tricks and Conundrums with Answers. (The Lamb Publishing company, 1914; Ishi Press, 2007)

図版出典

図66　W. E. Hill「家内と義母(My wife and my mother-in-law)」1915年、アメリカ議会図書館蔵
図67　ジュゼッペ・アルチンボルド「庭師 (L'ortolano)」1590年、クレモナ市美術館蔵

索　引

あ

ICカード……3
悪魔のフォーク……147
アルチンボルド……100
暗号……151, 155, 158, 161
位相幾何学……126, 129, 131, 136
一円玉……2, 67
一万円札……3, 112
エドガー・アラン・ポー……158
円……102, 179
『黄金虫』……158

か

ガードナー → マーチン・ガードナー
確率……8, 43, 181-186
カット……18
カプレカ……11
カレンダー……48-53, 77
キャッシュカード……3
曲面……129
組み合わせ……26, 39, 43, 111, 183, 184
グリル板……161
碁石……17, 19, 81, 165, 167
コイン……167, 185
硬貨……19, 72-75
コーヒーカップ……88
五千円札……3
語呂合わせ……13, 62

さ

差……10, 11, 16, 17, 79, 80, 110, 112, 117, 166
さいころ → ダイス
最小公倍数……86
錯視図……102
サム・ロイド……92, 100, 127
3進法……22
時刻表……4
辞典……155
紙幣……3, 67-69
シャッフル……18
循環小数……117
定規（物差し）……75-78, 101
小数……117-121
『塵劫記』……82
新聞……3, 52, 78-80, 160
数列……185
正三角形……97
正方形……93, 97, 122, 161
整数……22, 26, 72, 116-118, 122, 123, 176
生年月日……15
ゼノン……170
千円札……2, 3
蘇武牧羊……8
ソリティア……65
『孫子算経』……82

た

対角線……3, 52, 75, 93, 94, 97, 122
ダイス……42-48, 55, 63
代数……121, 180
多面体……43
誕生日……55, 57, 62, 70, 181
『中外戯法図説』……8
壺算……172

定和 …… 122
デック …… 26
デュードニー …… 98
電卓 …… 9, 12-15, 49, 79, 106-111, 113, 115, 117, 118, 123, 155
転倒数 …… 110
時計 …… 55-57
ドミノ …… 63-65
トランプ …… 17-42, 88, 156, 183
トリック・ドンキー …… 100

な

2乗 …… 113
2進法 …… 57, 74

は

倍数 …… 16, 39, 42, 81
はがき …… 2
はさみ …… 137, 138, 140
パラドックス …… 170, 172, 174, 177, 178, 180, 181, 184
ハンカチ …… 142-146
ピアノ・トリック …… 24
紐 …… 126-128, 130, 139-143
百五減算 …… 82
ヒル …… 99
ヒンズー・シャッフル …… 18
分数 …… 121, 176
平行線 …… 101
平方根 …… 118, 181
平方数 …… 118, 122
ベスト …… 129-134
ベルヌーイ …… 185
ペン …… 126, 145
ペンローズの三角形 …… 148
方陣 …… 63, 122
ポール・カリー …… 96
補数 …… 110

ま

マーチン・ガードナー …… 90, 95
マッチ棒 …… 17, 19, 45, 69-71, 165
万年七曜表 …… 53
みやまくずし …… 165
無限 …… 101, 170, 171, 185, 186
名刺 …… 3
メビウスの輪 …… 137
メル・ストーバー …… 91
目測 …… 2

や

曜日 …… 49-54, 76
予言 …… 9, 11, 27-30, 51, 64, 85

ら

立方根 …… 118
立方数 …… 118
立方体 …… 42
リフルシャッフル …… 18
累乗 …… 26, 74, 112, 113

わ

輪ゴム …… 135, 136

編集協力
佐藤洸風［Kofth］、田守伸也、
松本順一、ASOBIDEA［asobidea.co.jp］

イラスト
サトウナオミ

図版作成
佐藤壮太［（有）オフィス・ユウ］

編者略歴

上野富美夫（うえの・ふみお）

昭和7年東京に生まれる。小学校時代から特に数学とマジックに興味を持ち研究、昭和20年戦災を受け群馬県桐生市に疎開。桐生高等学校時代、母校に数学クラブを作る。卒業後、桐生市内の小学校教諭として算数・数学をクラブ活動で指導し、また、地方新聞のパズル欄を連載執筆。数学の生活化と教育における創造的活動および特別活動の研究発表多数。小学校教頭を経て著述活動に携わる。平成25年没。著作に『数の話題事典』『日常の数学事典』『算数が大好きになる事典』『数学パズル事典』（いずれも東京堂出版）など。

数学マジック事典【改訂版】

2015年 8月25日 初版発行
2021年 5月20日 5版発行

編者	上野富美夫
発行者	大橋信夫
DTP	Fomalhaut
印刷・製本	東京リスマチック株式会社
発行所	株式会社 東京堂出版 〒101-0051 東京都千代田区神田神保町 1-17 電話 03-3233-3741 http://www.tokyodoshuppan.com/

ISBN 978-4-490-10867-5 C0541